AF474613

VENUS

PHYSIQUE.

par M. de Maupertuis.

Quæ legat ipsa Lycoris.
Virg. Eclog. X.

M. DCC. XLV.

VENUS
PHYSIQUE.

PREMIERE PARTIE.

CONTENANT

UNE DISSERTATION

SUR

L'ORIGINE DES HOMMES,

ET

DES ANIMAUX.

PRÉFACE.

L'Une des Dissertations qu'on trouvera dans cet ouvrage, parut l'année passée. Quoiqu'elle semblât par son titre promettre l'explication d'un Phénomene qui attiroit la curiosité de tout Paris, on ne s'y étoit point proposé de l'expliquer. Cette dissertation n'étoit que le préliminaire d'un systeme par lequel on essaye de rendre raison non-seulement de la naiſſance des *Negre-Blancs*, mais de pluſieurs autres Phénomenes plus difficiles & plus importans, ſur les différentes eſpéces d'hommes qu'on voit répandues ſur la terre. Pourquoi les habitans de la Zone torride ſont noirs? Pourquoi les peuples les plus nombreux & les plus beaux ſe trouvent dans les Zones temperées? Pourquoi les Zones glaciales ne ſont habitées que par des nations difformes? Comment toutes ces différentes eſpéces peuvent n'être ſorties que de deux premiers parens ?

L'Auteur ne ſe nomma point. On chercha beaucoup à le deviner. Parmi ceux à qui l'on attribua l'ouvrage, il y en avoit qui lui faiſoient honneur, d'autres qui lui faiſoient tort. Il ne ſait ſi cette incertitude lui fut avantageuſe, ou préjudiciable ; & ne s'en embaraſſe pas beaucoup.

Ipsa venas atque mentem permeante
spiritu
Intus occultis gubernat procreatrix
viribus,
Perque cælum, perque terras, per-
que pontum subditum,
Pervium sui tenorem seminati tra-
mite
Imbuit; jussitque mundum nosse nas-
cendi vias.

Pervigil. Veneris.

DISSERTATION

DISSERTATION *PHYSIQUE* A L'OCCASION DU NEGRE BLANC.

CHAPITRE PREMIER.

Exposition de cet Ouvrage.

NOUS n'avons reçu que depuis très-peu de tems, une vie que nous allons perdre. Placés entre deux instans, dont l'un nous a vus naî-

A tre,

tre, l'autre nous va voir mourir; nous tâchons envain d'étendre notre être au delà de ces deux termes : nous ſerions plus ſages, ſi nous ne nous appliquions qu'à en bien remplir l'intervalle.

Ne pouvant rendre plus long le tems de notre vie, l'amour propre & la curioſité veulent y ſuppléer, en nous appropriant les tems qui viendront lorſque nous ne ſerons plus, & ceux qui s'écouloient, lorſque nous n'étions pas encore. Vain eſpoir! auquel ſe joint une nouvelle illuſion : nous nous imaginons que l'un de ces tems nous appartient plus que l'autre. Peu curieux ſur le paſſé, nous interrogeons avec avidité ceux qui nous promettent de nous apprendre quelque choſe de l'avenir.

Les hommes se sont plus facilement persuadés qu'après leur mort ils devoient comparoître au Tribunal d'un Rhadamante, qu'ils ne croiroient qu'avant leur naissance, ils auroient combattu contre Menelas au siége de Troye. *

Cependant l'obscurité est la même sur l'avenir & sur le passé : & si l'on regarde les choses avec une tranquillité philosophique, l'intérêt devroit être le même aussi : Il est aussi peu raisonnable d'être fâché de mourir trop tôt, qu'il seroit ridicule de

* *Pythagore se ressouvenoit des différens états par lesquels il avoit passé avant que d'être Pythagore, Il avoit été d'abord Æthalide, puis Euphorbe blessé par Ménélas au siége de Troye, Hermotime, le Pêcheur Pyrrhus, & enfin Pythagore.*

se plaindre d'être né trop tard.

Sans les lumieres de la Religion, par rapport à notre être, ce tems où nous n'avons pas vécu & celui où nous ne vivrons plus, sont deux abysmes impénétrables, & dont les plus grands Philosophes n'ont pas plus percé les ténebres, que le Peuple le plus grossier.

Ce n'est donc point en Métaphysicien que je veux toucher à ces questions, ce n'est qu'en Anatomiste. Je laisse à des esprits plus sublimes à vous dire, s'ils peuvent, ce que c'est que votre ame, quand & comment elle est venue vous éclairer. Je tâcherai seulement de vous faire connoître l'origine de votre corps, & les différens états par lesquels vous avez passé, avant que d'être dans l'état où vous êtes. Ne vous fâchez pas si je vous dis que vous avez été un ver, ou un œuf, ou une espece de boue. Mais ne croyez pas non plus tout perdu, lorsque vous perdrez cette forme que vous avez maintenant; & que ce corps qui charme tout le monde, sera réduit en poussiere.

Neuf mois après qu'une femme s'est livrée au plaisir qui perpetue le genre humain, elle met au jour une petite créature qui ne differe de l'homme que par la différente proportion & la foiblesse de ses parties. Dans les femmes mortes avant ce terme, on trouve l'enfant enveloppé d'une double membrane, attaché par un cordon au ventre de la mere.

Plus le tems auquel l'enfant devoit naître est éloigné, plus sa grandeur & sa figure s'écartent de celle de l'homme. Sept ou huit mois avant, on découvre dans l'Embryon la figure humaine : & les meres attentives sentent qu'il a déja quelque mouvement.

Auparavant, ce n'est qu'une matiere informe. La jeune épouse y fait trouver à un vieux mari des marques de sa tendresse, & découvrir un héritier dont un accident fatal l'a privé : les parens d'une fille n'y voient qu'un amas de sang & de lymphe qui causoit l'état de langueur où elle étoit depuis quelque tems.

Est-ce là le premier terme de notre origine ? Comment cet enfant qui se trouve dans le sein de sa mere, s'y est-il formé ? D'où est-il venu ?

Est-

Eſt-ce là un myſtere impénétrable, ou les obſervations des Phyſiciens y peuvent-elles répandre quelque lumiere?

Je vais vous expliquer les différens ſyſtemes qui ont partagé les Philoſophes ſur la maniere dont ſe fait la génération. Je ne dirai rien qui doive allarmer votre pudeur: mais il ne faut pas que des préjugés ridicules répandent un air d'indécence ſur un ſujet qui n'en comporte aucune par lui-même. La ſéduction, le parjure, la jalouſie, ou la ſuperſtition ne doivent pas deshonorer l'action la plus importante de l'humanité, ſi quelquefois elles la précedent ou la ſuivent.

L'homme eſt dans une mélancholie qui lui rend tout inſipide, juſqu'au qu'au moment où il trouve la personne qui doit faire ſon bonheur. Il la voit : tout s'embellit à ſes yeux : il reſpire un air plus doux & plus pur ; la ſolitude l'entretient dans l'idée de l'objet aimé ; il trouve dans la multitude de quoi s'applaudir continuellement de ſon choix ; toute la nature ſert ce qu'il aime. Il ſent une nouvelle ardeur pour tout ce qu'il entreprend : tout lui promet d'heureux ſuccès. Celle qui l'a charmé s'enflamme du même feu dont il brûle : elle ſe rend, elle ſe livre à ſes tranſports ; & l'amant heureux parcourt avec rapidité toutes les beautés qui l'ont ébloui : il eſt déja parvenu à l'endroit le plus délicieux... Ah malheureux ! qu'un couteau mortel a privé de la connoiſſance de cet

état.

état : le ciſeau qui eût tranché le fil de vos jours, vous eût été moins funeſte. En vain vous habirez de vaſtes Palais ; vous vous promenez dans des jardins délicieux; vous poſſédez toutes les richeſſes de l'Aſie ; le dernier de vos eſclaves qui peut gouter ces plaiſirs, eſt plus heureux que vous. Mais vous que la cruelle avarice de vos parens a ſacrifiés au luxe des Rois, triſtes ombres qui n'êtes plus que des voix, gémiſſez, pleurez vos malheurs, mais ne chantez jamais l'amour.

C'eſt cet inſtant marqué par tant de délices, qui donne l'être à une nouvelle créature, qui pourra comprendre les choſes les plus ſublimes : &, ce qui eſt bien au-deſſus, qui pourra gouter les mêmes plaiſirs.

Mais

Mais comment expliquerai-je cette formation ? Comment décrirai-je ces lieux qui sont la premiere demeure de l'homme ? Comment ce séjour enchanté va-t-il être changé en une obscure prison habitée par un Embryon informe & insensible ? Comment la cause de tant de plaisir, comment l'origine d'un Etre si parfait, n'est elle que de la chair & du sang ? *

Ne ternissons pas ces objets par des images dégoutantes : qu'ils demeurent couverts du voile qui les cache. Qu'il ne soit permis d'en déchirer que la membrane de l'hymen. Que la Biche vienne ici à la place

* *Miseret atque etiam pudet æstimantem quàm sit frivola animalium superbissimi origo!* C. Plin. nat. hist. Lib. VII. cap. 7.

place d'Iphigénie. Que les femelles des animaux soient desormais les objets de nos recherches sur la génération. Cherchons dans leurs entrailles ce que nous pourrons découvrir de ce mystere ; & s'il est nécessaire, parcourons jusqu'aux oiseaux, aux poissons & aux insectes.

CHAPITRE II.

Systeme des Anciens sur la Génération.

AU fond d'un canal que les Anatomistes appellent *vagin*, du mot latin qui signifie Gaine, on trouve la Matrice : c'est une espece de bourse fermée au fond, mais qui présente au vagin un petit orifice qui

qui peut s'ouvrir & se fermer, & qui ressemble assez au bec d'une Tanche, dont quelques Anatomistes lui ont donné le nom. Le fond de la bourse est tapissé d'une membrane qui forme plusieurs rides qui lui permettent de s'étendre à mesure que le fœtus s'accroît, & qui est parsemée de petits trous, par lesquels vraisemblablement sort cette liqueur que la femelle répand dans l'accouplement.

Les Anciens croyoient que le fœtus étoit formé du mélange des liqueurs que chacun des sexes répand. La liqueur séminale du mâle, dardée jusques dans la matrice, s'y mêloit avec la liqueur séminale de la femelle : & après ce mélange, les Anciens ne trouvoient plus

plus de difficulté à comprendre comment il en résultoit un animal. Tout étoit opéré par une *Faculté génératrice.*

Aristote, comme on le peut croire, ne fut pas plus embarassé que les autres, sur la génération : il différa d'eux seulement en ce qu'il crut que le principe de la génération ne résidoit que dans la liqueur que le mâle répand ; & que celle que répand la femelle, ne servoit qu'à la nutrition & à l'accroissement du fœtus. La derniere de ces liqueurs, pour s'expliquer en ses termes, fournissoit la matiere, & l'autre la forme. *

* *Aristot. de generat. animal.* Lib. II. Cap. IV.

CHAPITRE III.

Syſteme des Oeufs contenant le fœtus.

PEndant une longue ſuite de ſiécles, ce ſyſteme ſatisfit les Philoſophes. Car, malgré quelques diverſités ſur ce que les uns prétendoient qu'une ſeule des deux liqueurs étoit la véritable matiere prolifique, & que l'autre ne ſervoit que pour la nourriture du fœtus, tous s'arrêtoient à ces deux liqueurs, & attribuoient à leur mélange, le grand ouvrage de la génération.

De nouvelles recherches dans l'Anatomie firent découvrir autour de la matrice, deux corps blanchâtres formés de pluſieurs véſicules rondes

rondes, remplies d'une liqueur semblable à du blanc d'œuf. L'Analogie aussi-tôt s'en empara ; on regarda ces corps comme faisant ici le même office que les Ovaires dans les oiseaux ; & les vésicules qu'ils contenoient, comme de véritables œufs. Mais les Ovaires étant placés au dehors de la matrice, comment les œufs, quand même ils en seroient détachés, pouvoient-ils être portés dans sa cavité ; dans laquelle, si l'on ne veut pas que le fœtus se forme, il est du moins certain qu'il prend son accroissement? FALLOPE apperçut deux tuyaux, dont les extrémités, flottantes dans le ventre, se terminent par des especes de franges qui peuvent s'approcher de l'Ovaire, l'embrasser, recevoir l'œuf, & le

 conduire

conduire dans la matrice où ces tuyaux, ou ces trompes ont leur embouchure.

Dans ce tems, la Physique renaissoit, ou plutôt prenoit un nouveau tour. On vouloit tout comprendre ; & l'on croyoit le pouvoir. La formation du fœtus par le mélange de deux liqueurs, ne satisfaisoit plus les Physiciens. Des exemples de développemens que la nature offre par tout à nos yeux, firent penser que les fœtus étoient peut-être contenus, & déja tout formés dans chacun des œufs ; & que ce qu'on prenoit pour une nouvelle production, n'étoit que le développement de leurs parties rendues sensibles par l'accroissement. Toute la fécondité retomboit sur les femelles. Les œufs destinés à

produire

produire des mâles, ne contenoient chacun qu'un ſeul mâle. L'œuf d'où devoit ſortir une femelle, contenoit non-ſeulement cette femelle, mais la contenoit avec ſes Ovaires dans leſquelles d'autres femelles contenues, & déja toutes formées étoient la ſource de génération à l'infini. Car toutes les femelles contenues ainſi les unes dans les autres & de grandeurs toujours diminuantes dans le rapport de la premiere à ſon œuf, n'allarment que l'imagination. La matiere diviſible à l'infini, forme auſſi diſtinctement dans ſon œuf le fœtus qui naîtra dans mille ans, que celui qui doit naître dans neuf mois. Sa petiteſſe qui le cache à nos yeux, ne le dérobe point aux loix ſuivant leſquelles le Chêne qu'on voit dans le gland, ſe développe & couvre la terre de ſes branches.

Cependant quoique tous les hommes ſoient déja formés dans les œufs de mere en mere, ils y ſont ſans vie. Ce ne ſont que de petites ſtatues renfermées les unes dans les autres, comme ces ouvrages du Tour, où l'ouvrier s'eſt plu à faire admirer l'adreſſe de ſon ciſeau, en formant cent boîtes qui ſe contenant les unes les autres, ſont toutes contenues dans la derniere. Il faut, pour faire, de ces petites ſtatues, des hommes, quelque matiere nouvelle, quelqu'eſprit ſubtil, qui s'inſinuant dans leurs membres, leur donne le mouvement, la végétation & la vie. Cet eſprit ſéminal eſt fourni par le mâle, & eſt contenu dans cette liqueur qu'il répand avec tant

de

de plaiſir. N'eſt - ce pas ce feu que les Poëtes ont feint que Promethée avoit volé du ciel pour donner l'ame à des hommes qui n'étoient auparavant que des Automates ? Et les Dieux ne devoient-ils pas être jaloux de ce larcin ?

Pour expliquer maintenant comment cette liqueur dardée dans le vagin, va féconder l'œuf, l'idée la plus commune, & celle qui ſe préſente d'abord, eſt qu'elle entre juſques dans la matrice dont la bouche alors s'ouvre pour la recevoir ; que de la matrice, une partie, du moins ce qu'il y a de plus ſpiritueux, s'élevant dans les tuyaux des trompes, eſt portée juſqu'aux ovaires que chaque trompe embraſſe alors, & pénetre l'œuf qu'elle doit féconder.

Cette

Cette opinion quoiqu'aſſez vraiſemblable, eſt cependant ſujette à pluſieurs difficultés.

La liqueur verſée dans le vagin, loin de paroître deſtinée à pénétrer plus avant, en retombe auſſi-tôt, comme tout le monde ſait.

On raconte pluſieurs hiſtoires de filles devenues enceintes ſans l'introduction même de ce qui doit verſer la ſemence du mâle dans le vagin, pour avoir ſeulement laiſſé répandre cette liqueur ſur ſes bords. On peut révoquer en doute ces faits que la vue du Phyſicien ne peut gueres conſtater, & ſur leſquels il faudroit en croire les femmes toujours peu ſinceres ſur cet article.

Mais il ſemble qu'il y ait des preuves plus fortes, qu'il n'eſt pas néceſ-

ſaire

ſaire que la ſemence du mâle entre dans la matrice pour rendre la femme féconde. Dans les matrices de femelles de pluſieurs animaux diſſéquées après l'accouplement, on n'a point trouvé de cette liqueur.

On ne ſauroit cependant nier qu'elle n'y entre quelquefois. Un fameux Anatomiſte * en a trouvé en abondance dans la matrice d'une Geniſſe qui venoit de recevoir le Taureau. Et quoiqu'il y ait peu de ces exemples, un ſeul cas où l'on a trouvé la ſemence dans la matrice, prouve mieux qu'elle y entre, que la multitude des cas où l'on n'y en a point trouvé, ne prouve qu'elle n'y entre pas.

Ceux qui prétendent que la ſe-

* VERHEYEN.

mence n'entre pas dans la matrice, croient que versée dans le vagin, ou seulement répandue sur ses bords, elle s'insinue dans les vaisseaux dont les petites bouches la reçoivent & la répandent dans les veines de la femelle. Elle est bientôt mêlée dans toute la masse du sang; elle y excite tous les ravages qui tourmentent les femmes nouvellement enceintes : mais enfin la circulation du sang la porte jusqu'à l'ovaire, & l'œuf n'est rendu fécond qu'après que tout le sang de la femelle a été, pour ainsi dire, fécondé.

De quelque maniere que l'œuf soit fécondé; soit que la semence du mâle, portée immédiatement jusqu'à lui, le pénetre; soit que délayée dans la masse du sang, elle n'y parvienne

parvienne que par les routes de la circulation : cette ſemence, ou cet eſprit ſéminal mettant en mouvement les parties du petit fœtus qui ſont déja toutes formées dans l'œuf, les diſpoſe à ſe développer. L'œuf juſques-là fixement attaché à l'ovaire, s'en détache ; il tombe dans la cavité de la trompe, dont l'extrémité appellée le pavillon, embraſſe alors l'ovaire pour le recevoir. L'œuf parcourt, ſoit par ſa ſeule peſanteur, ſoit plus vraiſemblablement par quelque mouvement periſtaltique de la trompe, toute la longueur du canal qui le conduit enfin dans la matrice. Semblable aux graines des plantes ou des arbres, lorſqu'elles ſont reçues dans une terre propre à les faire végéter, l'œuf pouſſe des ra-

cines

cines qui pénétrant jusques dans la substance de la matrice, forment une masse qui lui est intimement attachée, appellée le *Placenta*. Au-dessus, elles ne forment plus qu'un long cordon, qui allant aboutir au nombril du fœtus, lui porte les sucs destinés à son accroissement. Il vit ainsi du sang de sa mere, jusqu'à ce que n'ayant plus besoin de cette communication, les vaisseaux qui attachent le placenta à la matrice se dessechent, s'obliterent, & s'en séparent.

L'enfant alors plus fort & prêt à paroître au jour, déchire la double membrane dans laquelle il étoit enveloppé, comme on voit le poulet parvenu au terme de sa naissance, briser la coquille de l'œuf qui le te-

noit

noit renfermé. Qu'une eſpece de dureté qui eſt dans la coquille des œufs des oiſeaux, n'empêche pas de comparer à leurs œufs, l'enfant renfermé dans ſon enveloppe. Les œufs de pluſieurs animaux, des tortues, des Serpens, des Lézards, & des Poiſſons n'ont point cette dureté, & ne ſont recouverts que d'une enveloppe molaſſe & flexible.

Quelques animaux confirment cette analogie, & rapprochent encore la génération des animaux qu'on appelle *Vivipares* de celle des *Ovipares*. On trouve dans le corps de leurs femelles, en même tems des œufs inconteſtables, & des petits déja débarraſſés de leur enveloppe *. Les œufs de pluſieurs ani-

* Mém. de l'Ac. des Scienc. an. 1727. p. 32.

maux n'éclosent que long-tems après qu'ils sont sortis du corps de la femelle : les œufs de plusieurs autres éclosent auparavant. La nature ne semble-t-elle pas annoncer par-là qu'il y a des especes où l'œuf n'éclôt qu'en sortant du corps de la mere ; mais que toutes ces générations reviennent au même ?

CHAPITRE IV.

Systeme des Animaux spermatiques.

LEs Physiciens & les Anatomistes qui en fait de systeme, sont toujours faciles à contenter, étoient contens de celui-ci : ils croyoient, comme s'ils l'avoient vu, le petit

fœtus

fœtus formé dans l'œuf de la femelle, avant aucune opération du mâle : mais ce que l'imagination voyoit ainsi dans l'œuf, les yeux l'apperçurent ailleurs. Un jeune Physicien * s'avisa d'examiner au microscope, cette liqueur qui n'est pas d'ordinaire l'objet des yeux attentifs & tranquilles. Mais quel spectacle merveilleux, lorsqu'il y découvrit des animaux vivans ! Une goutte étoit un ocean où nageoit une multitude innombrable de petits poissons dans mille directions différentes.

Il mit au même microscope des liqueurs semblables sorties de différens animaux, & toujours même merveille : foule d'animaux vivans

* Hartsoiker.

de figures ſeulement différentes. On chercha dans le ſang & dans toutes les autres liqueurs du corps, quelque choſe de ſemblable : mais on n'y découvrit rien, quelle que fût la force du microſcope ; toujours des mers déſertes dans leſquelles on n'apercevoit pas le moindre ſigne de vie.

On ne put gueres s'empêcher de penſer que ces animaux découverts dans la liqueur ſéminale du mâle, étoient ceux qui devoient un jour le reproduire : car malgré leur petiteſſe infinie & leur forme de poiſſons, le changement de grandeur & de figure coute peu à concevoir au Phyſicien, & ne coute pas plus à exécuter à la nature. Mille exemples de l'un & de l'autre,

tre ; ſont ſous nos yeux, d'animaux dont le dernier accroiſſement ne ſemble avoir aucune proportion avec leur état au tems de leur naiſſance, & dont les figures ſe perdent totalement dans des figures nouvelles. Qui pourroit reconnoître le même animal, ſi l'on n'avoit ſuivi bien attentivement le petit ver, & le hanneton ſous la forme duquel il paroît enſuite ? Et qui croiroit que la plûpart de ces mouches parées des plus ſuperbes couleurs, euſſent été auparavant de petits inſectes rampans dans la boue, ou nageans dans les eaux ?

Voilà donc toute la fécondité qui avoit été attribuée aux femelles, rendue aux mâles. Ce petit ver qui nage dans la liqueur ſéminale,

 contient

contient une infinité de générations de pere en pere. Il a sa liqueur séminale dans laquelle nagent des animaux d'autant plus petits que lui, qu'il est plus petit que le pere dont il est sorti : & il en est ainsi de chacun de ceux-là à l'infini. Mais quel prodige, si l'on considere le nombre & la petitesse de ces animaux ! Un homme qui a ébauché sur cela un calcul, trouve dans la liqueur séminale d'un brochet, dès la premiere génération, plus de brochets qu'il n'y auroit d'hommes sur la terre, quand elle seroit par tout aussi habitée que la Hollande.

Mais si l'on considere les générations suivantes, quel abysme de nombre & de petitesse ! D'une génération

nération à l'autre, les corps de ces animaux diminuent dans la proportion de la grandeur d'un homme à celle de cet atome qu'on ne découvre qu'au meilleur microscope; leur nombre augmente dans la proportion de l'unité, au nombre prodigieux d'animaux répandus dans cette liqueur.

Richesse immense, fécondité sans bornes de la nature! n'êtes-vous pas ici une prodigalité? Et ne peut-on pas vous reprocher trop d'appareil & de dépense? De cette multitude prodigieuse de petits animaux qui nagent dans la liqueur séminale, un seul parvient à l'humanité: rarement la femme la mieux enceinte met deux enfans au jour, presque jamais trois. Et quoique les

les femelles des autres animaux, en portent un plus grand nombre, ce nombre n'eſt preſque rien en comparaiſon de la multitude des animaux qui nageoient dans la liqueur que le mâle a répandue. Quelle deſtruction, quelle inutilité paroît ici !

Sans diſcuter lequel fait le plus d'honneur à la nature, d'une œconomie préciſe, ou d'une profuſion ſuperflue; queſtion qui demanderoit qu'on connût mieux ſes vues, ou plutôt les vues de celui qui la gouverne; nous avons ſous nos yeux des exemples d'une pareille conduite, dans la production des arbres & des plantes. Combien de milliers de glands tombent d'un chêne, ſe deſſechent ou pourriſſent, pour

pour un très-petit nombre qui germera & produira un arbre ! Mais ne voit-on pas par-là même, que ce grand nombre de glands n'étoit pas inutile ; puisque si celui qui a germé n'y eût pas été, il n'y auroit eu aucune production nouvelle, aucune génération ?

C'est sur cette multitude d'animaux superflus, qu'un Physicien chaste & religieux * a fait un grand nombre d'expériences, dont aucune à ce qu'il nous assure, n'a jamais été faite aux dépens de sa famille. Ces animaux ont une queue, & sont d'une figure assez semblable à celle qu'a la grenouille en naissant, lorsqu'elle est encore sous la forme de ce petit poisson noir appellé

* LEWENOEK.

Têtard

Têtard dont les eaux fourmillent au printems. On les voit d'abord dans un grand mouvement : mais il se rallentit bientôt ; & la liqueur dans laquelle ils nagent, se réfroidissant, ou s'évaporant, ils périssent. Il en périt bien d'autres dans les lieux mêmes où ils sont déposés. Ils se perdent dans ces labyrinthes. Mais celui qui est destiné à devenir un homme, quelle route prend-il ? Comment se métamorphose-t-il en fœtus ?

Quelques lieux imperceptibles de la membrane intérieure de la matrice, seront les seuls propres à recevoir le petit animal, & à lui procurer les sucs nécessaires pour son accroissement. Ces lieux dans la matrice de la femme seront plus

rares

rares que dans les matrices des animaux qui portent plusieurs petits. Le seul animal ou les seuls animaux spermatiques qui rencontreront quelqu'un de ces lieux, s'y fixeront, s'y attacheront par des filets qui formeront le *placenta*, & qui l'unissant au corps de la mere, lui portent la nourriture dont il a besoin : les autres périront comme les grains semés dans une terre aride. Car la matrice est d'une étendue immense pour ces animalcules. Plusieurs milliers périssent sans pouvoir trouver aucun de ces lieux ou de ces petites fosses destinées à les recevoir.

La membrane dans laquelle le fœtus se trouve, sera semblable à une de ces enveloppes qui tiennent différentes ſortes d'inſectes ſous la forme de *Chryſalides*, dans le paſſage d'une forme à une autre.

Pour comprendre les changemens qui peuvent arriver au petit animal renfermé dans la matrice ; nous pourvons le comparer à d'autres animaux qui éprouvent d'auſſi grands changemens, & dont ces changemens ſe paſſent ſous nos yeux. Si ces métamorphoſes méritent encore notre admiration, elles ne doivent plus du moins nous cauſer de ſurpriſe.

Le Papillon, & pluſieurs eſpeces d'animaux pareils, ſont d'abord une eſpece de ver : l'un vit des feuilles des plantes, l'autre caché ſous terre, en ronge les racines. Après qu'il eſt parvenu à un certain accroiſſement ſous cette forme, il en prend une nouvelle ; il paroît ſous une enveloppe qui reſſerrant & cachant les différentes parties de ſon corps, le tient dans un état ſi peu ſemblable à celui d'un animal, que ceux qui élevent des vers à ſoie, l'appellent *Feve* ; les naturaliſtes l'appellent *Chryſalide* à cauſe de quelques taches dorées dont il eſt quelquefois parſemé. Il eſt alors dans une immobilité parfaite ; dans une létargie profonde qui tient toutes les fonctions de ſa vie ſuſpendues. Mais dès que le terme où il doit revivre, eſt venu, il déchire la membrane qui le tenoit enveloppé ; il étend ſes membres, déploie ſes ailes, & fait voir un papillon ou quelqu'autre animal ſemblable.

Quelques-uns de ces animaux, ceux qui sont si redoutables aux jeunes beautés qui se promenent dans les bois, & ceux qu'on voit voltiger sur le bord des ruisseaux avec de longues ailes, ont été auparavant de petits poissons; ils ont passé la premiere partie de leur vie dans les eaux; & ils n'en sortent que lorsqu'ils sont parvenus à leur derniere forme.

Toutes ces formes que quelques Physiciens malhabiles, ont prises pour de véritables métamorphoses, ne sont cependant que des changemens de peau. Le papillon étoit tout formé, & tel qu'on le voit voler dans nos jardins, sous le déguisement de la chenille.

Peut-on comparer le petit animal

mal qui nage dans la liqueur ſéminale, à la chenille, ou au ver? Le fœtus dans le ventre de la mere, enveloppé de ſa double membrane, eſt-il une eſpece de chryſalide? Et en ſort-il, comme l'inſecte, pour paroître ſous ſa derniere forme?

Depuis la chenille juſqu'au papillon; depuis le ver ſpermatique juſqu'à l'homme, il ſemble qu'il y ait quelqu'analogie. Mais le premier état du papillon n'étoit pas celui de chenille: la chenille étoit déja ſortie d'un œuf, & cet œuf n'étoit peut-être déja lui-même qu'une eſpece de chryſalide. Si l'on vouloit donc pouſſer cette analogie en remontant, il faudroit que le petit animal ſpermatique fût déja ſorti d'un œuf: mais quel œuf! De quelle petiteſſe devroit-il être ! Quoi qu'il en ſoit, ce n'eſt ni le grand ni le petit qui doit ici cauſer de l'embarras.

CHAPITRE V.

Syſteme mixte des Oeufs, & des Animaux ſpermatiques.

LA plûpart des Anatomiſtes ont embraſſé un autre ſyſteme, qui tient des deux ſyſtemes précédens, & qui allie les animaux ſpermatiques avec les œufs. Voici comment ils expliquent la choſe.

Tout le principe de vie réſidant dans le petit animal, l'homme entier y étant contenu, l'œuf eſt

est encore nécessaire : c'est une masse de matiere propre à lui fournir sa nourriture & son accroissement. Dans cette foule d'animaux déposés dans le vagin, ou lancés d'abord dans la matrice, un plus heureux, ou plus à plaindre que les autres, nageant, rampant dans les fluides dont toutes ces parties sont mouillées, parvient à l'embouchure de la trompe, qui le conduit jusqu'à l'ovaire. Là, trouvant un œuf propre à le recevoir, & à le nourrir, il le perce, il s'y loge, & y reçoit les premiers degrés de son accroissement. C'est ainsi qu'on voit différentes sortes d'insectes s'insinuer dans les fruits dont ils se nourrissent. L'œuf piqué se détache de l'ovaire, tombe par la trompe dans la matrice, où le petit animal s'attache par les vaisseaux qui forment le placenta.

CHAPITRE VI.

Observations favorables & contraires aux Oeufs

ON trouve dans les Mémoires de l'Académie Royale des Sciences, * des observations qui paroissent très-favorables au systeme des œufs ; soit qu'on les considere comme contenans le fœtus, avant même la fécondation ; soit comme destinés à servir d'aliment & de premier asyle au fœtus.

La Description que M. Littre

* Année 1701. p. 109.

nous donne d'un ovaire qu'il disséqua, mérite beaucoup d'attention. Il trouva un œuf dans la trompe ; il observa une cicatrice sur la surface de l'ovaire qu'il prétend avoir été faite par la sortie d'un œuf. Mais rien de tout cela n'est si remarquable que le fœtus qu'il prétend avoir pu distinguer dans un œuf encore attaché à l'ovaire.

Si cette observation étoit bien sûre, elle prouveroit beaucoup pour les œufs. Mais l'Histoire même de l'Académie de la même année, la rend suspecte, & lui oppose avec équité des observations de M. Mery qui lui font perdre beaucoup de sa force.

Celui-ci pour une cicatrice que M. Littre avoit trouvée sur la surface

face de l'ovaire, en trouva un si grand nombre sur l'ovaire d'une femme, que si on les avoit regardées comme causées par la sortie des œufs, elles auroient supposé une fécondité inouie. Mais, ce qui est bien plus fort contre les œufs, il trouva dans l'épaisseur même de la matrice, une vésicule toute pareille à celles qu'on prend pour des œufs.

Quelques observations de M. Littre, & d'autres Anatomistes, qui ont trouvé quelquefois des fœtus dans les trompes, ne prouvent rien pour les fœtus : le fœtus, de quelque maniere qu'il soit formé, doit se trouver dans la cavité de la matrice ; & les trompes ne sont qu'une partie de cette cavité.

M. Mery n'est pas le seul Anatomiste

tomiste qui ait eu des doutes sur les œufs de la femme, & des autres animaux vivipares : plusieurs Physiciens les regardent comme une chimere. Ils ne veulent point reconnoître pour de véritables œufs, ces vésicules dont est formée la masse que les autres prennent pour un ovaire. Ces œufs qu'on a trouvés quelquefois dans les trompes, & même dans la matrice, ne sont à ce qu'ils prétendent, que des especes d'hydatides.

Des expériences devroient avoir décidé cette question, si en Physique il y avoit jamais rien de décidé. Un Anatomiste qui a fait beaucoup d'observations sur les femelles des lapins, GRAAF qui les a disséquées après plusieurs intervalles

de

de tems écoulés depuis qu'elles avoient reçu le mâle, prétend avoir trouvé au bout de vingt-quatre heures des changemens dans l'ovaire; après un intervalle plus long, avoir trouvé les œufs plus altérés; quelque tems après, des œufs dans la trompe; dans les femelles disséquées un peu plus tard, des œufs dans la matrice. Enfin il prétend qu'il a toujours trouvé, aux ovaires, les vestiges d'autant d'œufs détachés, qu'il en trouvoit dans les trompes ou dans la matrice. *

Mais un autre Anatomiste aussi exact, & tout au moins aussi fidele, quoique prévenu du systeme

* REGNERUS DE GRAAF, de mulierum organis.

des

des œufs, & même des œufs prolifiques, contenans déja le fœtus avant la fécondation; VERHEYEN a voulu faire les mêmes expériences, & ne leur a point trouvé le même succès. Il a vu des altérations ou des cicatrices à l'ovaire : mais il s'est trompé lorsqu'il a voulu juger par elles, du nombre des fœtus qui étoient dans la matrice.

CHAPITRE VII.

Expériences de HARVEY.

TOus ces systemes si brillans, & même si vraisemblables que nous venons d'exposer, paroissent détruits par des observations qui avoient été faites auparavant, & aux-

auxquelles il ſemble qu'on ne ſauroit donner trop de poids : ce ſont celles de ce grand homme à qui l'anatomie devroit plus qu'à tous les autres par ſa ſeule découverte de la circulation du ſang.

Charles II. Roi d'Angleterre, Prince curieux, amateur des Sciences, & fondateur de cette Société qui les a tant fait fleurir ; pour mettre ſon Anatomiſte, à portée de découvrir le myſtere de la génération, lui abandonna toutes les Biches & les Daines de ſes Parcs. HARVEY en fit un maſſacre ſavant : mais ſes expériences nous ont-elles donné quelque lumiere ſur la génération ? Ou n'ont-elles pas plutôt répandu ſur cette matiere des ténebres plus épaiſſes ?

HARVEY

Harvey immolant tous les jours au progrès de la Physique, quelque biche dans le tems où elles reçoivent le mâle; disséquant leurs matrices, & examinant tout avec les yeux les plus attentifs, n'y trouva rien qui ressemblât à ce que Graaf prétend avoir observé, ni avec quoi les systemes dont nous venons de parler, paroissent pouvoir s'accorder.

Jamais il ne trouva dans la matrice, de liqueur séminale du mâle; jamais d'œuf dans les trompes; jamais d'altération au prétendu ovaire, qu'il appelle comme plusieurs autres Anatomistes, le *Testicule* de la femelle.

Les premiers changemens qu'il apperçut dans les organes de la génénération, furent à la matrice : il trouva cette partie enflée & plus molle qu'à l'ordinaire. Dans les quadrupedes elle paroît double ; quoiqu'elle n'ait qu'une ſeule cavité, ſon fond forme comme deux réduits que les Anatomiſtes appellent ſes *Cornes*, dans leſquelles ſe trouvent les fœtus. Ce furent ces endroits principalement qui parurent les plus altérés. HARVEY y obſerva pluſieurs excroiſſances fongueuſes qu'il compare aux bouts des tétons des femmes. Il en coupa quelques-unes qu'il trouva parſemées de petits points blancs enduits d'une matiere viſqueuſe. Le fond de la matrice qui formoit leurs parois, étoit gonflé & tuméfié comme les levres des enfans, lorſqu'el-

les

les ont été piquées par des abeilles, & tellement molasse qu'il paroissoit d'une consistence semblable à celle du cerveau. Pendant les deux mois de Septembre & d'Octobre, tems auquel les Biches reçoivent le cerf tous les jours, & par des expériences de plusieurs années, voilà tout ce que HARVEY découvrit, sans jamais appercevoir dans toutes ces matrices, une seule goutte de liqueur séminale. Car il prétend s'être assuré qu'une matiere purulente qu'il trouva dans la matrice de quelque Biche, séparée du Cerf depuis vingt jours, n'en étoit point.

Ceux à qui il fit part de ses observations, prétendirent, & peut-être le craignit-il lui-même, que les Biches

ches qu'il diſſéquoit, n'avoient pas été couvertes. Pour les convaincre, ou s'en aſſurer, il en ſépara douze du commerce des mâles après le Rut, & les fit renfermer dans un parc particulier. Il diſſéqua quelques unes de celles-là, dans leſquelles il ne trouva pas plus de veſtiges de la ſemence du mâle, qu'auparavant; les autres porterent des Faons. De toutes ces expériences, & de pluſieurs autres faites ſur des femelles de lapins, de chiens, & autres animaux, HARVEY conclut que la ſemence du mâle ne ſéjourne ni même n'entre dans la matrice.

Au mois de Novembre, la tumeur de la matrice étoit diminuée, les caroncules fongueuſes devenues flaſques. Mais ce qui fut un nouveau ſpectacle,

ſpectacle, des filets déliés étendus d'une corne à l'autre de la matrice, formoient une eſpece de réſeau ſemblable aux toiles d'araignée; & s'inſinuant entre les rides de la membrane interne de la matrice, ils s'entrelaſſoient autour des caroncules à peu près comme on voit la *Pie-mere* ſuivre & embraſſer les contours du cerveau.

Ce réſeau forma bientôt une poche, dont les dehors étoient enduits d'une matiere fœtide: le dedans liſſe & poli, contenoit une liqueur ſemblable au blanc d'œuf, dans laquelle nageoit une autre enveloppe ſphérique remplie d'une liqueur plus claire & criſtalline. Ce fut dans cette liqueur qu'on apperçut un nouveau prodige. Ce ne fut point un animal tout organisé, comme on le devroit attendre des systemesprécédens : ce fut le principe d'un animal ; *un Point vivant* * avant qu'aucune des autres parties fussent formées. On le voit dans la liqueur cristalline sauter & battre, tirant son accroissement d'une veine qui se perd dans la liqueur où il nage ; il battoit encore, lorsqu'exposé aux rayons du soleil, HARVEY le fit voir au Roi.

Les parties du corps viennent bientôt s'y joindre ; mais en différent ordre, & en différens tems. Ce n'est d'abord qu'un mucilage divisé en deux petites masses, dont l'une forme la tête, l'autre le tronc. Vers la fin de Novembre le fœtus est formé ; & tout cet admirable ouvrage,

* Punctum saliens.

lorsqu'il

lorſqu'il paroît une fois commencé ; s'acheve fort promptement. Huit jours après la premiere apparence du Point vivant, l'animal eſt tellement avancé, qu'on peut diſtinguer ſon ſexe. Mais encore un coup cet ouvrage ne ſe fait que par parties ; celles du dedans ſont formées avant celles du dehors ; les viſceres & les inteſtins ſont formés avant que d'être couverts du *Thorax* & de l'*Abdomen* ; & ces dernieres parties deſtinées à mettre les autres à couvert, ne paroiſſent ajoutées que comme un toit à l'édifice.

Juſqu'ici l'on n'obſerve aucune adhérence du fœtus au corps de la mere. La membrane qui contient la liqueur criſtalline dans laquelle il nage, que les Anatomiſtes appellent

l'*Amnios*,

l'*Amnios*, nage elle-même dans la liqueur que contient le *Chorion* qui eſt cette poche que nous avons vue ſe former d'abord; & le tout eſt dans la matrice, ſans aucune adhérence.

Au commencement de Décembre, on découvre l'uſage des caroncules ſpongieuſes dont nous avons parlé, qu'on obſerve à la ſurface interne de la matrice, & que nous avons comparées aux bouts des mammelles des femelles. Ces caroncules ne ſont encore collées contre l'enveloppe du fœtus que par le mucilage dont elles ſont remplies: mais elles s'y uniſſent bientôt plus intimement en recevant les vaiſſeaux que le fœtus pouſſe, & ſervent de baſe au Placenta.

Tout le reſte n'eſt plus que différens

rens degrés d'accroiſſement que le fœtus reçoit chaque jour. Enfin le terme où il doit naître, étant venu, il rompt les membranes dans leſquelles il étoit enveloppé : le Placenta ſe détache de la matrice ; & l'animal ſortant du corps de la mere, paroît au jour. Les femelles des animaux mâchant elles-mêmes le cordon des vaiſſeaux qui attachoient le fœtus au Placenta, détruiſent une communication devenue inutile ; les Sages-femmes font une ligature à ce cordon, & le coupent.

Voilà quelles furent les obſervations de HARVEY. Elles paroiſſent ſi peu compatibles avec le ſyſteme des œufs & celui des animaux ſpermatiques, que ſi je les avois rapportées

portées avant que d'exposer ces systemes, j'aurois craint qu'elles ne prévinssent trop contr'eux, & n'empêchassent de les écouter avec assez d'attention.

Au lieu de voir croître l'animal par l'*Intus-susception* d'une nouvelle matiere, comme il devroit arriver s'il étoit formé dans l'œuf de la femelle, ou si c'étoit le petit ver qui nage dans la semence du mâle ; ici c'est un animal qui se forme par la *Juxta-position* de nouvelles parties. HARVEY voit d'abord se former le sac qui le doit contenir : & ce sac, au lieu d'être la membrane d'un œuf qui se dilateroit, se fait sous ses yeux, comme une toile dont il observe les progrès. Ce ne sont d'abord que des filets tendus d'un

bout

bout à l'autre de la matrice ; ces filets se multiplient, se serrent, & forment enfin une véritable membrane La formation de ce sac est une merveille qui doit accoutumer aux autres.

HARVEY ne parle point de la formation du sac intérieur dont, sans doute, il n'a pas été témoin : mais il a vu l'animal qui y nage, se former. Ce n'est d'abord qu'un point ; mais un point qui a la vie, & autour duquel toutes les autres parties venant s'arranger forment bientôt un animal. *

* GUILLELM. HARVEY. *De Cervarum & Damarum coitu.* Exercit. LXVI.

CHAPITRE VIII.

Sentiment de HARVEY *ſur la Génération.*

TOutes ces expériences ſi oppoſées aux ſyſtèmes des œufs, & des animaux ſpermatiques, parurent à HARVEY détruire le ſyſteme du mélange des deux ſemences; parce que ces liqueurs ne ſe trouvoient point dans la matrice. Ce grand homme deſeſpérant de donner une explication claire & diſtincte de la génération, eſt réduit à s'en tirer par des comparaiſons : il dit que la femelle eſt rendue féconde par le mâle, comme le fer, après qu'il a été touché par l'aimant, acquiert la vertu magnétique, il fait sur cette imprégnation, une dissertation plus Scholastique que Physique ; & finit par comparer la matrice fécondée, au cerveau, dont elle imite alors la substance. *L'une conçoit le fœtus, comme l'autre les idées qui s'y forment* ; explication étrange qui doit bien humilier ceux qui veulent pénétrer les secrets de la nature !

C'est presque toujours à de pareils résultats que les recherches les plus approfondies conduisent. On se fait un systeme satisfaisant, pendant qu'on ignore les circonstances du phénomene qu'on veut expliquer : dès qu'on les découvre, on voit l'insuffisance des raisons qu'on donnoit, & le systeme s'évanouit. Si nous croyons savoir quelque chose, ce n'eſt que parce que nous ſommes fort ignorans.

Notre eſprit ne paroît deſtiné qu'à raiſonner ſur les choſes que nos ſens découvrent. Les microſcopes & les lunettes nous ont pour ainſi dire, donné de nouveaux ſens au-deſſus de notre portée ; tels qu'ils appartiendroient à des intelligences ſupérieures, & qui mettent ſans ceſſe la nôtre en défaut.

CHAPITRE IX.

Tentatives pour accorder les obſervations avec le ſyſteme des Oeufs.

MAis ſeroit-il permis d'altérer un peu les obſervations de HARVEY ? Pourroit-on les interpréter d'une maniere

maniere qui les rapprochât du syſteme des œufs, ou des vers ſpermatiques ? Pourroit-on ſuppoſer que quelque fait eût échappé à ce grand homme ? Ce ſeroit, par exemple, qu'un œuf détaché de l'ovaire, fût tombé dans la matrice, dans le tems que la premiere enveloppe ſe forme, & s'y fût renfermé ; que la ſeconde enveloppe ne fût que la membrane propre de cet œuf dans lequel ſeroit renfermé le petit fœtus, ſoit que l'œuf le contînt avant même la fécondation, comme le prétendent ceux qui croient les œufs prolifiques, ſoit que le petit fœtus y fût entré ſous la forme de ver. Pourroit-on croire enfin que HARVEY ſe fût trompé dans tout ce qu'il nous raconte de la formation du fœtus ; que des membres déja tout formés, lui eussent échappé à cause de leur molesse, & de leur transparence, & qu'il les eût pris pour des parties nouvellement ajoutées, lorsqu'ils ne faisoient que devenir plus sensibles par leur accroissement ? La premiere enveloppe, cette poche que HARVEY vit se former de la maniere qu'il le raconte, seroit encore fort embarassante ; son organisation primitive auroit elle échappé à l'Anatomiste, ou se seroit elle formée de la seule matiere visqueuse qui sort des mamelons de la matrice, comme les peaux qui se forment sur le lait ?

CHAP.

CHAPITRE X.

Tentatives pour accorder ces Observations avec le systeme des Animaux spermatiques.

SI l'on vouloit rapprocher les observations de HARVEY du systeme des petits vers; quand même, comme il le prétend, la liqueur qui les porte, ne seroit pas entrée dans la matrice, il seroit assez facile à quelqu'un d'eux de s'y être introduit, puisque son orifice s'ouvre dans le vagin. Pourroit-on maintenant proposer une conjecture qui pourra paroître trop hardie aux Anatomistes ordinaires, mais qui n'étonnera pas ceux qui sont accoutumés à observer les procédés des inſectes, qui ſont ceux qui ſont les plus applicables ici. Le petit ver introduit dans la matrice n'auroit-il point tiſſu la membrane qui forme la premiere enveloppe ? Soit qu'il eût tiré de lui-même les fils que HARVEY obſerva d'abord, & qui étoient tendus d'un bout à l'autre de la matrice; ſoit qu'il eût ſeulement arrangé ſous cette forme la matiere viſqueuſe qu'il y trouvoit. Nous avons des exemples qui ſemblent favoriſer cette idée. Pluſieurs inſectes, lorſqu'ils ſont ſur le point de ſe métamorphoſer, commencent par filer ou former de quelque matiere étrangere, une enveloppe dans laquelle ils ſe renferment; c'eſt ainſi que le ver à ſoie forme ſa coque. Il y quitte bientôt ſa peau de ver, & celle qui lui ſuccede, & celle de feve, ou de chryſalide, ſous laquelle tous ſes membres ſont comme emmaillotés, & dont il ne ſort que pour paroître ſous la forme de papillon.

Notre ver ſpermatique, après avoir tiſſu ſa premiere enveloppe, qui répond à la coque de ſoie, s'y renfermeroit, s'y dépouilleroit, & feroit alors ſous la forme de chryſalide, c'eſt-à-dire, ſous une ſeconde enveloppe qui ne ſeroit qu'une de ſes peaux. Cette liqueur criſtalline renfermée dans cette ſeconde enveloppe, dans laquelle paroît le point animé, ſeroit le corps même de l'animal; mais tranſparent comme le criſtal, & mou juſqu'à la fluidité, & dans lequel HARVEY auroit

roit méconnu l'organiſation. La mer jette ſouvent ſur ſes bords des matieres glaireuſes & tranſparentes qui ne paroiſſent pas beaucoup plus organiſées que la matiere dont nous parlons, & qui ſont cependant de vrais animaux. La premiere enveloppe du fœtus, le chorion, ſeroit ſon ouvrage; la ſeconde, l'amnios, ſeroit ſa peau.

Mais eſt-on en droit de porter de pareilles atteintes à des obſervations auſſi authentiques, & de les ſacrifier ainſi à des analogies & à des ſyſtemes? Mais auſſi dans des choſes qui ſont ſi difficiles à obſerver, ne peut-on pas ſuppoſer que quelques circonſtances, ſoient échappées au meilleur obſervateur?

CHAPITRE XI.

Variétés dans les Animaux.

L'Analogie nous délivre de la peine d'imaginer des choſes nouvelles ; & d'une peine encore plus grande, qui eſt de demeurer dans l'incertitude. Elle plaît à notre eſprit : mais plaît-elle tant à la nature ?

Il y a ſans doute quelqu'analogie dans les moyens que les différentes eſpeces d'animaux emploient pour ſe perpétuer : car malgré la variété infinie qui eſt dans la nature, les changemens n'y ſont jamais ſubits. Mais dans l'ignorance où nous ſommes, nous courons toujours riſque de prendre pour des

eſpeces

especes voisines, des especes si éloignées, que cette analogie qui d'une espece à l'autre, ne change que par des nuances insensibles, se perd, ou du moins est méconnoissable dans les especes que nous voulons comparer.

En effet, quelles variétés n'observe-t-on pas dans la maniere dont différentes especes d'animaux, se perpetuent!

L'impétueux Taureau, fier de sa force, ne s'amuse point aux caresses: il s'élance à l'instant sur la Genisse, il pénetre profondément dans ses entrailles, & y verse à grands flots, la liqueur qui doit la rendre féconde.

La Tourterelle, par de tendres gémissemens, annonce son amour: mille

mille baisers, mille plaisirs, précedent le dernier plaisir.

Un insecte à longues ailes * poursuit sa femelle dans les airs : il l'attrape ; ils s'embrassent, ils s'attachent l'un à l'autre ; & peu embarrassés alors de ce qu'ils deviennent, les deux amans volent ensemble, & se laissent emporter aux vents.

Des animaux ** qu'on a longtems méconnus, qu'on a pris pour des Galles, sont bien éloignés de promener ainsi leurs amours. La femelle sous cette forme si peu ressemblante à celle d'un animal, passe la plus grande partie de sa vie, immobile & fixée contre l'écorce

* La Demoiselle, *Perla* en latin.

** Hist. des Insect. de M. de Reaumur, Tome IV. pag. 34.

d'un

d'un arbre. Elle est couverte d'une espece d'écaille qui cache son corps de tous côtés ; une fente presqu'imperceptible, est pour cet animal, la seule porte ouverte à la vie. Le mâle de cette étrange créature, ne lui ressemble en rien : c'est un moucheron dont elle ne sauroit voir les infidélités, & dont elle attend patiemment les caresses. Après que l'insecte ailé a introduit son aiguillon dans la fente, la femelle devient d'une telle fécondité, qu'il semble que son écaille & sa peau, ne soient plus qu'un sac rempli d'une multitude innombrable de petits.

La Galle-insecte n'est pas la seule espece d'animaux dont le mâle vole dans les airs, pendant que la femelle sans ailes, & de figure toute

différente,

différente, rampe ſur la terre. Ces Diamans dont brillent les buiſſons pendant les nuits d'automne, les vers luiſans ſont les femelles d'inſectes ailés, qui les perdroient vraiſemblablement dans l'obſcurité de la nuit s'ils n'étoient conduits par le petit flambeau qu'elles portent. *

Parlerai-je d'animaux dont la figure inſpire le mépris & l'horreur ? Oui, la nature n'en a traité aucun en marâtre. Le crapaud tient ſa femelle embraſſée pendant des mois entiers.

Pendant que pluſieurs animaux ſont ſi empreſſés dans leurs amours, le timide poiſſon en uſe avec une retenue extrême : ſans oſer rien entreprendre ſur ſa femelle, ni ſe per-

* Hiſt. de l'Ac. des Scienc. an. 172[illegible]. p. 9.

mettre le moindre attouchement, il se morfond à la suivre dans les eaux ; & se trouve trop heureux d'y féconder ses œufs après qu'elle les y a jettés.

Ces animaux travaillent-ils à la génération d'une maniere si desintéressée ? Ou la délicatesse de leurs sentimens supplée-t elle à ce qui paroît leur manquer ? Oui, sans doute, un regard est pour eux une jouissance ; tout peut faire le bonheur de celui qui aime. La nature a le même intérêt à perpétuer toutes les especes : elle aura inspiré à chacune le même motif ; & ce motif dans toutes, est le plaisir. C'est lui qui dans l'espece humaine, fait tout disparoître devant lui ; qui malgré mille obstacles qui s'opposent

ſent à l'union de deux cœurs, mille tourmens qui doivent la ſuivre, conduit les amans au but que la nature s'eſt propoſée. *

Si les poiſſons ſemblent mettre tant de délicateſſe dans leur amour, d'autres animaux pouſſent le leur juſqu'à la débauche la plus effrénée. La Reine abeille a un ſérail d'amans, & les ſatisfait tous. Elle cache envain la vie qu'elle mene dans l'intérieur de ſes murailles ; envain elle en avoit impoſé même au ſavant Swarmerdam : un illuſtre obſervateur ** s'eſt convaincu par ſes

* ——— *Ita capta lepore,*
Illecebriſque tuis omnis natura animantum,
Te ſequitur cupidè, quò quamque inducere pergis. Lucret. Lib. I.

** *Hiſt. des Inſect. de M. de Reaumur*, Tome V. pag. 504.

yeux de ſes proſtitutions. Sa fécondité eſt proportionnée à ſon intempérance ; elle devient mere de 30 & 40 mille enfans.

Mais la multitude de ce peuple, n'eſt pas ce qu'il y a de plus merveilleux : c'eſt de n'être point reſtreint à deux ſexes, comme les autres animaux. La famille de l'abeille eſt compoſée d'un très petit nombre de femelles deſtinées chacune à être Reine, comme elle, d'un nouvel eſſain ; d'environ deux mille mâles, & d'un nombre prodigieux de Neutres, de mouches ſans aucun ſexe, eſclaves malheureux qui ne ſont deſtinés qu'à faire le miel, nourrir les petits dès qu'ils ſont éclos, & à entretenir par leur travail, le luxe & l'abondance dans la ruche.

Cependant

Cependant il vient un tems où ces esclaves se révoltent contre ceux qu'ils ont si bien servis. Dès que les mâles ont assouvi la passion de la Reine, il semble qu'elle ordonne leur mort, & qu'elle les abandonne à la fureur des neutres. Plus nombreux de beaucoup que les mâles, ils en font un carnage horrible : & cette guerre ne finit point que le dernier mâle de l'essain n'ait été exterminé.

Voilà une espece d'animaux bien différens de tous ceux dont nous avons jusqu'ici parlé. Dans ceux-là deux individus formoient la famille, s'occupoient & suffisoient à perpétuer l'espece : ici la famille n'a qu'une seule femelle ; mais le sexe du mâle paroît partagé entre des milliers d'individus ; Et des milliers encore beaucoup plus nombreux, manquent de ſexe abſolument.

Dans d'autres eſpeces au contraire, les deux ſexes ſe trouvent réunis dans chaque individu. Chaque limaçon a tout à la fois les parties du mâle & celles de la femelle : ils s'attachent l'un à l'autre, ils s'entrelacent par de longs cordons, qui ſont leurs organes de la génération, & après ce double accouplement, chaque limaçon pond ſes œufs.

Je ne puis omettre une ſingularité qui ſe trouve dans ces animaux. Vers le tems de leur accouplement, la Nature les arme chacun d'un petit Dard formé d'une matiere dure & cruſtacée *. Quelque tems après, ce Dard tombe de lui-même, ſans

* *Heiſter de Cochleis.*

doute

doute après l'usage auquel il a servi. Mais quel est cet usage ? Quel est l'office de cet organe passager ? Peut-être cet animal si froid & si lent dans toutes ses opérations, a-t-il besoin d'être excité par ces piquures ? Des gens glacés par l'âge, ou dont les sens étoient émoussés, ont eu quelquefois recours à des moyens aussi violens, pour reveiller en eux l'amour. Malheureux ! qui tâchez par la douleur d'exciter des sentimens qui ne doivent naître que de la volupté ; restez dans la létargie & la mort ; épargnez-vous des tourmens inutiles : ce n'est pas de votre sang que Tibulle a dit que Venus étoit née *.

* ——— *Is sanguine natam*
Is Venerem & rapido sentiat esse mari.
Tibull. Lib. I. Eleg. II.

Il falloit profiter dans le tems, des moyens que la nature vous avoit donnés pour être heureux : ou si vous en avez profité, n'en poussez pas l'usage au delà des termes qu'elle a prescrits. Au lieu d'irriter les fibres de votre corps, consolez votre ame de ce qu'elle a perdu.

Vous seriez cependant plus excusable encore que ce jeune homme qui, dans un mélange bisarre de superstition & de galanterie, se déchire la peau de mille coups, aux yeux de sa maîtresse, pour lui donner des preuves des tourmens qu'il peut souffrir pour elle, & des assurances des plaisirs qu'il lui fera gouter.

Je ne finirois point si je parlois de tout ce que l'attrait de cette passion a fait imaginer aux hommes

mes pour leur en faire excéder ou prolonger l'usage. Innocent limaçon, vous êtes peut-être le seul pour qui ces moyens ne soient pas criminels ; parce qu'ils ne sont chez vous que les effets de l'ordre de la nature. Recevez, & rendez mille fois les coups de ces Dards dont elle vous a armés. Ceux qu'elle a réservés pour nous, sont des sons & des regards.

Malgré ce privilége qu'a le limaçon de posséder tout à la fois les deux sexes, la nature n'a pas voulu qu'ils pussent se passer les uns des autres ; deux sont nécessaires pour perpétuer l'espece *.

Mais voici un Hermaphrodite bien

* *Mutuis animis, amant, amantur.* Catull. Carm. XLIII.

bien plus parfait. C'est un petit insecte trop commun dans nos jardins, que les Naturalistes appellent *Puceron*. Sans aucun accouplement, il produit son semblable, accouche d'un autre puceron vivant. Ce fait merveilleux ne devroit pas être cru s'il n'avoit été vu par les Naturalistes les plus fideles, & s'il n'étoit constaté par M. de Reaumur à qui rien n'échappe de ce qui est dans la nature, mais qui n'y voit jamais que ce qui y est.

On a pris un puceron sortant du ventre de sa mere ou de son pere; on l'a soigneusement séparé de tout commerce avec aucun autre, & on l'a nourri dans un vase de verre bien fermé: on l'a vu accoucher d'un grand nombre de pucerons. Un

de

de ceux-ci a été pris sortant du ventre du premier, & renfermé comme sa mere : il a bientôt fait comme elle d'autres pucerons. On a eu de la sorte, cinq générations bien constatées sans aucun accouplement. Mais ce qui peut paroître une merveille aussi grande que celle-ci, c'est que les mêmes pucerons qui peuvent engendrer sans accouplement, s'accouplent aussi fort bien quand ils veulent. *

Ces animaux qui en produisent d'autres, étant séparés de tout animal de leur espece, se seroient-ils accouplés dans le ventre de leur mere : ou lorsqu'un puceron en s'accouplant, en féconde un autre, fé-

* Hist. des Insect. de M. de Reaumur, pag. 523.

conderoit-il à la fois plusieurs générations ? Quelque parti qu'on prenne, quelque chose qu'on imagine ; toute analogie est ici violée.

Un ver aquatique appellé *Polype* a des moyens encore plus surprenans pour se multiplier. Comme un arbre pousse des branches, un Polype pousse de jeunes polypes : ceux-ci lorsqu'ils sont parvenus à une certaine grandeur, se détachent du tronc qui les a produits : mais souvent avant que de s'en détacher, ils en ont poussé eux-mêmes de nouveaux : & tous ces descendans de différens ordres, tiennent à la fois au polype ayeul. L'illustre auteur de ces découvertes, a voulu examiner si la génération naturelle des polypes se réduisoit à cela ;

cela ; & s'ils ne s'étoient point accouplés auparavant. Il a employé pour s'en assurer, les moyens les plus ingénieux & les plus assidus : il s'est précautionné contre toutes les ruses d'amour, que les animaux les plus stupides savent quelquefois mettre en usage aussi bien, & mieux que les plus fins. Le résultat de toutes ses observations a été que la génération de ces animaux, se fait sans aucune espece d'accouplement.

Mais cela pourroit-t-il surprendre, lorsqu'on saura quelle est l'autre maniere dont les Polypes se multiplient ? Parlerai je de ce prodige ; & le croira t-on ? Oui, il est constant par des expériences & des témoignages qui ne permettent pas d'en douter. Un animal pour se multiplier, n'a besoin que d'être coupé par morceaux : le tronçon auquel tient la tête, reproduit une queue ; celui auquel la queue est restée, reproduit une tête ; & les tronçons sans tête & sans queue, reproduisent l'une & l'autre. Hydre plus merveilleux que celui de la fable ; on peut le fendre dans sa longueur, le mutiler de toutes les façons ; tout est bientôt réparé ; & chaque partie est un animal nouveau. *

Que peut-on penser de cette étrange espece de génération ; de ce principe de vie répandu dans chaque partie de l'animal ? Ces ani-

* Philosoph. Transact. N°. 467.

L'Ouvrage va paroître dans lequel M. TREMBLEY donne au Public toutes ses découvertes sur ces animaux.

maux

maux ne ſeroient-ils que des amas d'embrions tout prêts à ſe développer, dès qu'on leur feroit jour ? Ou des moyens inconnus reproduiſent-ils tout ce qui manque aux parties mutilées ? La nature qui dans tous les autres animaux, a attaché le plaiſir à l'acte qui les multiplie, feroit-elle ſentir à ceux-ci quelque eſpece de volupté lorſqu'on les coupe par morceaux ?

CHAPITRE XII.

Réflexions ſur les Syſtemes de développemens.

LA plupart des Phyſiciens modernes, conduits par l'analogie de ce qui ſe paſſe dans les plantes, où la

 production

production apparente des parties, n'est que le développement de ces parties déja formées dans la graine ou dans l'oignon; & ne pouvant comprendre comment un corps organisé seroit produit; ces Physiciens veulent réduire toutes les générations à de simples développemens. Ils croient plus simple de supposer que tous les animaux de chaque espece, étoient contenus déja tous formés dans un seul pere, ou une seule mere, que d'admettre aucune production nouvelle.

Ce n'est point la petitesse extreme dont devroient être les parties de ces animaux, ni la fluidité des liqueurs qui y devroient circuler, que je leur objecterai: mais je leur demande la permission d'approfon-

dir

dir un peu plus leur sentiment, & d'examiner 1°. Si ce qu'on voit dans la production apparente des plantes, est applicable à la génération des animaux? 2°. Si le systeme du développement, rend la Physique plus claire qu'elle ne seroit en admettant des productions nouvelles.

Quant à la premiere question; il est vrai qu'on apperçoit dans l'oignon de la Tulipe, les feuilles & la fleur déja toutes formées, & que sa production apparente, n'est qu'un véritable développement de ces parties: mais à quoi cela est-il applicable, si l'on veut comparer les animaux aux plantes? Ce ne sera qu'à l'animal déja formé. L'oignon ne sera que la Tulipe même; & comment pourroit-on prouver que toutes les Tulipes qui doivent naître de celle-ci, y ſont contenues? Cet exemple donc des plantes, ſur lequel ces Phyſiciens comptent tant, ne prouve autre choſe, ſi ce n'eſt qu'il y a un état pour la plante, où ſa forme n'eſt pas encore ſenſible à nos yeux, mais où elle n'a beſoin que du développement & de l'accroiſſement de ſes parties, pour paroître. Les animaux ont bien un état pareil: mais c'eſt avant cet état, qu'il faudroit ſavoir ce qu'ils étoient; enfin quelle certitude a-t-on ici de l'analogie entre les plantes & les animaux?

Quant à la ſeconde queſtion, ſi le ſyſteme du développement rend la Phyſique plus lumineuſe qu'elle ne ſeroit en admettant de nouvelles productions ; il est vrai qu'on ne comprend point comment à chaque génération, un corps organisé, un animal se peut former : mais comprend-t-on mieux comment cette suite infinie d'animaux contenus les uns dans les autres, auroit été formée tout à la fois ? Il me semble qu'on se fait ici une illusion ; & qu'on croit résoudre la difficulté en l'éloignant. Mais la difficulté demeure la même, à moins qu'on n'en trouve une plus grande à concevoir comment tous ces corps organisés auroient été formés les uns dans les autres, & tous dans un seul, qu'à croire qu'ils ne sont formés que successivement.

DESCARTES a cru comme les anciens, que l'homme étoit formé

du

du mélange des liqueurs que répandent les deux ſexes. Ce grand Philoſophe dans ſon traité de l'homme, a cru pouvoir expliquer, comment par les ſeules loix du mouvement & de la fermentation, il ſe formoit, un cœur, un cerveau, un nez, des yeux ; &c. *

Le ſentiment de Deſcartes ſur la formation du fœtus, par le mélange de ces deux ſemences, a quelque choſe de remarquable, & qui préviendroit en ſa faveur, ſi les raiſons morales pouvoient entrer ici pour quelque choſe. Car on ne croira pas qu'il l'ait embraſſé par complaiſance pour les anciens, ni

* L'homme de DESCARTES, & la formation du fœtus, pag. 127.

faute

faute de pouvoir imaginer d'autres systêmes.

Mais si l'on croit que l'Auteur de la nature, n'abandonne pas aux seules loix du mouvement, la formation des animaux; si l'on croit qu'il faille qu'il y mette immédiatement la main, & qu'il ait créé d'abord tous ces animaux contenus les uns dans les autres: que gagnera-t-on à croire qu'il les a tous formés en même tems? Et que perdra la Physique, si l'on pense que les animaux ne sont formés que successivement. Y a-t-il même, pour Dieu, quelque différence entre le tems que nous regardons comme le même, & celui qui se succede?

CHAP.

CHAPITRE XIII.

Raiſons qui prouvent que le Fœtus participe également du Pere & de la Mere.

SI l'on ne voit aucun avantage, aucune ſimplicité plus grande à croire que les animaux, avant la génération, étoient déja tous formés les uns dans les autres, qu'à penſer qu'ils ſe forment à chaque génération ; ſi le fond de la choſe, la formation de l'animal demeure pour nous également inexplicable : des raiſons très-fortes font voir que chaque ſexe y contribue également. L'enfant naît tantôt avec les traits du pere, tantôt avec ceux de la mere ; il naît avec leurs défauts & leurs

leurs habitudes, & paroît tenir d'eux jusqu'aux inclinations & aux qualités de l'esprit. Quoique ces ressemblances ne s'observent pas toujours, elles s'observent trop souvent, pour qu'on puisse les attribuer à un effet du hasard : & sans doute, elles ont lieu plus souvent qu'on ne croit, & qu'on ne peut le remarquer.

Dans des especes différentes, ces ressemblances sont plus sensibles. Qu'un homme noir épouse une femme blanche, il semble que les deux couleurs soient mêlées ; l'enfant naît olivâtre, & est mi-parti avec les traits de la mere, & ceux du pere.

Mais dans des especes plus différentes, l'altération de l'animal qui en naît, est encore plus grande.

L'âne

L'âne & la Jument forment un animal qui n'eſt ni cheval ni âne, mais qui eſt viſiblement un composé des deux. Et l'altération eſt ſi grande, que les organes du mulet ſont inutiles pour la génération.

Des expériences plus pouſſées, & ſur des eſpeces plus différentes, feroient voir encore vraiſemblablement, de nouveaux monſtres. Tout concourt à faire croire que l'animal qui naît, eſt un composé des deux ſemences.

Si tous les animaux d'une eſpece, étoient déja formés & contenus dans un ſeul pere ou une ſeule mere, ſoit ſous la forme de vers, ſoit ſous la forme d'œufs, obſerveroit-on ces alternatives de reſſemblances? Si le fœtus étoit le ver

qui

qui nage dans la liqueur féminale du pere, pourquoi reſſembleroit-il quelquefois à la mere ? S'il n'étoit que l'œuf de la mere, que ſa figure auroit-elle de commun avec celle du pere ? Le petit cheval déja tout formé dans l'œuf de la jument, prendroit-il des oreilles d'âne, parce qu'un âne auroit mis les parties de l'œuf en mouvement ?

Croira-t-on, pourra-t-on imaginer que le ver ſpermatique, parce qu'il aura été nourri chez la mere, prendra ſa reſſemblance & ſes traits ? Cela ſeroit-il beaucoup plus ridicule, qu'il ne le ſeroit de croire que les animaux duſſent reſſembler aux alimens dont ils ſe ſont nourris, ou aux lieux qu'ils ont habités.

CHAPITRE XIV.

Systemes sur les Monstres.

ON trouve dans les Mémoires de l'Académie des Sciences, une longue dispute entre deux Hommes célebres qui à la maniere dont on combattoit, n'auroit jamais été terminée sans la mort d'un des combattans. La question étoit sur les Monstres. Dans toutes les especes, on voit souvent naître des animaux contrefaits ; des animaux à qui il manque quelques parties, ou qui ont quelques parties de trop. Les deux Anatomistes convenoient du systeme des œufs. Mais l'un vouloit que les monstres ne fussent jamais

mais que l'effet de quelqu'accident arrivé aux œufs : l'autre prétendoit qu'il y avoit des œufs originairement monſtrueux, qui contenoient des monſtres auſſi bien formés que les autres œufs contenoient des animaux parfaits.

L'un expliquoit aſſez clairement comment les deſordres arrivés dans les œufs, faiſoient naître des monſtres : il ſuffiſoit que quelques parties dans le tems de leur molleſſe, euſſent été détruites dans l'œuf par quelque accident, pour qu'il naquît un *Monſtre par défaut*, un enfant mutilé. L'union ou la confuſion des deux œufs, ou de deux germes d'un même œuf, produiſoit les *Monſtres par excès*, les enfans qui naiſſent avec des parties ſuperſtues. Le premier degré de monſtres ſeroit deux Gemeaux ſimplement adhérens l'un à l'autre, comme on en a vu quelquefois. Dans ceux-là aucune partie principale des œufs n'auroit été détruite. Quelques parties ſuperficielles des fœtus déchirées dans quelque endroit, & repriſes l'une avec l'autre, auroient cauſé l'adhérence des deux corps. Les monſtres à deux têtes ſur un ſeul corps, ou à deux corps ſur une ſeule tête, ne differeroient des premiers, que parce que plus de parties dans l'un des œufs, auroient été détruites : dans l'un, toutes celles qui formoient un des corps ; dans l'autre, celles qui formoient une des têtes. Enfin un enfant qui a un doigt de trop, eſt un monſtre compoſé

composé de deux œufs, dans l'un desquels toutes les parties, excepté ce doigt, ont été détruites.

L'adversaire plus anatomiste que raisonneur, sans se laisser éblouir d'une espece de lumiere que ce systeme répand, n'objectoit à cela que des monstres dont il avoit lui-même disséqué la plupart, & dans lesquels il avoit trouvé des monstruosités, qui lui paroissoient inexpliquables par aucun desordre accidentel.

Les raisonnemens de l'un tenterent d'expliquer ces desordres: les monstres de l'autre se multiplierent; à chaque raison que M. de Lemery alléguoit, c'étoit toujours quelque nouveau monstre à combattre que lui produisoit M. de Winslow.

Enfin on en vint aux raisons Métaphyſiques. L'un trouvoit du ſcandale à penſer que Dieu eût créé des germes originairement monſtrueux : l'autre croyoit que c'étoit limiter la puiſſance de Dieu, que de la reſtreindre à une régularité & une uniformité trop grande.

Ceux qui voudroient voir ce qui a été dit ſur cette diſpute, le trouveroient dans les Mémoires de l'Académie : * Pour nous, nous nous contenterons d'avoir rapporté ici l'extrait de ces ſyſtemes, ſans entreprendre de décider entre deux Auteurs qui étoient peut-être également éloignés du but.

Un fameux Auteur Danois a eu une autre opinion ſur les Monſtres :

* Mém. de l'Acad. Royale des Sciences, années 1724. 1733. 1734. 1738 & 1740.

Il

il en attribuoit la production aux Cometes. C'est une chose curieuse, mais bien honteuse pour l'esprit humain, que de voir ce grand Medecin traiter les Cometes comme des *abcès* du Ciel, & prescrire un régime pour se préserver de leur contagion. *

CHAPITRE XV.

Des accidens causés par l'imagination des Meres.

UN Phénomene plus difficile encore, ce me semble, à expliquer, que les monstres dont nous venons de

* *Th. Bartholini de Cometâ, Consilium Medicum, cum Monstrorum in Daniâ natorum historiâ.*

de parler ; ce ſeroit cette eſpece de monſtres cauſés par l'imagination des Meres ; ces enfans auxquels les meres auroient imprimé la figure de l'objet de leur frayeur, de leur admiration, ou de leur deſir. On craint d'ordinaire qu'un negre, qu'un ſinge, ou tout autre animal dont la vue peut ſurprendre ou effrayer, ne ſe préſente aux yeux d'une femme enceinte. On craint qu'une femme en cet état, deſire de manger quelque fruit, ou qu'elle ait quelqu'appétit qu'elle ne puiſſe pas ſatisfaire. On raconte mille hiſtoires d'enfans qui portent les marques de tels accidens.

Il me ſemble que ceux qui ont raiſonné ſur ces Phénomenes, en ont confondu deux ſortes abſolument différentes.

Qu'une femme troublée par quelque passion violente, qui se trouve dans un grand péril, qui a été épouvantée par un animal affreux, accouche d'un enfant contrefait ; il n'y a rien que de très-facile à comprendre. Il y a certainement entre le fœtus & sa mere, une communication assez intime, pour qu'une violente agitation dans les esprits ou dans le sang de la mere, se transmette dans le fœtus, & y cause des desordres auxquels les parties de la mere pouvoient résister, mais auxquels les parties trop délicates du fœtus succombent. Tous les jours nous voyons ou éprouvons de ces mouvemens involontaires qui se communiquent de bien plus loin que de la mere à l'enfant qu'elle porte.

porte. Qu'un homme qui marche devant moi, faſſe un faux pas ; mon corps prend naturellement l'attitude que devroit prendre cet homme pour s'empêcher de tomber. Nous ne ſaurions gueres voir ſouffrir les autres, ſans reſſentir une partie de leurs douleurs, ſans éprouver des révolutions quelquefois plus violentes que n'éprouve celui ſur lequel le fer & le feu agiſſent. C'eſt un lien par lequel la nature a attaché les hommes les uns aux autres. Elle ne les rend d'ordinaire compatiſſans, qu'en leur faiſant ſentir les mêmes maux. Le plaiſir & la douleur ſont les deux maîtres du Monde. Sans l'un, peu de gens s'embarraſſeroient de perpétuer l'eſpece des hommes : ſi l'on ne craignoit

gnoit l'autre, plusieurs ne voudroient pas vivre.

Si donc ce fait tant rapporté est vrai; qu'une femme soit accouchée d'un enfant dont les membres étoient rompus aux mêmes endroits où elle les avoit vu rompre à un criminel; il n'y a rien, ce me semble, qui doive beaucoup surprendre, non plus que dans tous les autres faits de cette espece.

Mais il ne faut pas confondre ces faits avec ceux où l'on prétend que l'imagination de la mere, imprime au fœtus la figure de l'objet qui l'a épouvantée, ou du fruit qu'elle a desiré de manger. La frayeur peut causer de grands desordres dans les parties molles du fœtus: mais elle ne ressemble point à l'objet qui l'a causée.

causée. Je croirois plutôt que la peur qu'une femme a d'un tigre, fera perir entierement son enfant, ou le fera naître avec les plus grandes difformités, qu'on ne me fera croire que l'enfant puisse naître moucheté, ou avec des griffes, à moins que ce ne soit un effet du hasard qui n'ait rien de commun avec la frayeur du tigre. De même l'enfant qui naquit roué, est bien moins prodige que ne le seroit celui qui naîtroit avec l'empreinte de la cerise qu'auroit voulu manger sa mere; parce que le sentiment qu'une femme éprouve par le desir ou par la vue d'un fruit, ne ressemble en rien à l'objet qui excite ce sentiment.

Cependant rien n'est si fréquent que de rencontrer de ces signes qu'on prétend

prétend formés par les envies des meres. Tantôt c'eſt une ceriſe, tantôt c'eſt un raiſin, tantôt c'eſt un poiſſon. J'en ai obſervé un grand nombre : mais j'avoue que je n'en ai jamais vu qui ne pût être facilement réduit à quelqu'excroiſſance ou quelque tache accidentelle. J'ai vu juſqu'à une ſouris ſur le cou d'une Demoiſelle dont la mere avoit été épouvantée par cet animal ; une autre portoit au bras un Poiſſon que ſa mere avoit eu envie de manger. Ces animaux paroiſſoient à quelques-uns parfaitement deſſinés : mais pour moi, l'un ſe réduiſit à une tache noire & velue de l'eſpece de pluſieurs autres qu'on voit quelquefois placées ſur la joue, & auxquelles on ne donne aucun nom, faute de trouver à quoi elles ressemblent. Le Poisson ne fut qu'une tache grise. Le rapport des meres, le souvenir qu'elles ont d'avoir eu telle crainte ou tel desir, ne doit pas beaucoup embarrasser : elles ne se souviennent d'avoir eu ces desirs ou ces craintes, qu'après qu'elles sont accouchées d'un enfant marqué ; leur mémoire alors leur fournit tout ce qu'elles veulent, & en effet il est difficile que dans un espace de neuf mois, une femme n'ait jamais eu peur d'aucun animal, ni envie de manger d'aucun fruit.

CHAPITRE XVI.

Difficultés ſur les ſyſtemes des Oeufs, & des Animaux ſpermatiques.

Il eſt tems de revenir à la maniere dont ſe fait la génération. Tout ce que nous venons de dire, loin d'éclaircir cette matiere, n'a peut-être fait qu'y répandre plus de doutes. Les faits merveilleux de toutes parts ſe ſont découverts, les ſyſtemes ſe ſont multipliés : & il n'en eſt que plus difficile, dans cette grande variété d'objets, de reconnoître l'objet qu'on cherche.

Je connois trop les défauts de tous les ſyſtemes que j'ai propoſés, pour en adopter aucun : je trouve trop

 d'obſcurité

d'obſcurité répandue ſur cette matiere, pour oſer former aucun ſyſteme. Je n'ai que quelques penſées vagues que je propoſe plutôt comme des queſtions à examiner, que comme des opinions à recevoir ; je ne ſerai ni ſurpris, ni ne croirai avoir lieu de me plaindre, ſi on les rejette. Et comme il eſt beaucoup plus difficile de découvrir la maniere dont un effet eſt produit, que de faire voir qu'il n'eſt produit ni de telle, ni de telle maniere ; je commencerai par faire voir qu'on ne ſauroit raiſonnablement admettre ni le ſyſteme des œufs ni celui des Animaux ſpermatiques.

Il me ſemble donc que ces deux ſyſtemes ſont également incompatibles avec la maniere dont HARVEY

a

a vu le fœtus se former.

Mais l'un & l'autre de ces deux systemes me paroissent encore plus sûrement détruits par la ressemblance de l'enfant, tantôt au pere, tantôt à la mere : & par les animaux mi-partis qui naissent des deux especes différentes.

On ne sauroit peut-être expliquer comment un enfant, de quelque maniere que le pere & la mere contribuent à sa génération, peut leur ressembler : mais de ce que l'enfant ressemble à l'un & à l'autre, je crois qu'on peut conclurre que l'un & l'autre ont eu également part à sa formation.

Nous ne rappellerons plus ici le sentiment de Harvey qui réduisoit la conception de l'enfant dans la matrice, à la comparaiſon de la conception des idées dans le cerveau. Ce qu'a dit, ſur cela, ce grand homme, ne peut ſervir qu'à faire voir combien il trouvoit de difficulté dans cette matiere ; ou à faire écouter plus patiemment toutes les idées qu'on peut propoſer, quelque étranges qu'elles ſoient.

Ce qui paroît l'avoir le plus embarraſſé, & l'avoir jetté dans cette comparaiſon, ç'a été de ne jamais trouver la ſemence du Cerf dans la matrice de la Biche. Il a conclu de-là que la ſemence n'y entroit point. Mais étoit-il en droit de le conclurre ? Les intervalles du tems qu'il a mis entre l'accouplement de ces animaux & leur diſſection, n'ont-ils pas été beaucoup plus longs qu'il

ne

ne falloit pour que la plus grande partie de la ſemence entrée dans la matrice, eût le tems d'en reſſortir, ou de s'y imbiber.

L'expérience de VERHEYEN qui prouve que la ſemence du mâle entre quelquefois dans la matrice, eſt preſqu'une preuve qu'elle y entre toujours, mais qu'elle y demeure rarement en aſſez grande quantité, pour qu'on puiſſe l'y appercevoir.

HARVEY n'auroit pu obſerver qu'une quantité ſenſible de ſemence : & de ce qu'il n'a pas trouvé dans la matrice de ſemence en telle quantité, il n'eſt pas fondé à aſſurer qu'il n'y en eût aucunes gouttes répandues ſur une membrane déja toute enduite d'humidité. Quand la

plus

plus grande partie de la ſemence reſſortiroit auſſi-tôt de la matrice ; quand même il n'y en entreroit que très-peu , cette liqueur mêlée avec celle que la femelle répand , eſt peut-être beaucoup plus qu'il n'en faut , pour donner l'origine au fœtus.

Je demande donc pardon aux Phyſiciens modernes , ſi je ne puis admettre les ſyſtemes qu'ils ont ſi ingénieuſement imaginés. Car je ne ſuis pas de ceux qui croient qu'on avance la Phyſique en s'attachant à un ſyſteme malgré quelque phénomene qui lui eſt évidemment incompatible ; & qui, ayant remarqué quelqu'endroit d'où ſuit néceſſairement la ruine de l'édifice , achevent cependant de le

bâtir ,

bâtir, & l'habitent avec autant de ſécurité, que s'il étoit le plus ſolide.

Malgré les prétendus œufs, malgré les petits animaux qu'on obſerve dans la liqueur ſéminale; je ne ſai s'il faut abandonner le ſentiment des anciens ſur la maniere dont ſe fait la génération; ſentiment auquel les expériences de HARVEY ſont aſſez conformes. Lorſque nous croyons que les Anciens ne ſont demeurés dans telle ou telle opinion, que parce qu'ils n'avoient pas été auſſi loin que nous: nous devrions peut-être plutôt penſer que c'eſt parce qu'ils avoient été plus loin; & que des expériences que nous n'avons pas encore faites, leur avoient fait ſen-

tir

tir l'inſuffiſance des ſyſtemes dont nous nous contentons.

Il eſt vrai que lorſqu'on dit, que le fœtus eſt formé du mélange des deux ſemences, on eſt bien éloigné d'avoir expliqué cette formation. Mais l'obſcurité, qui reſte, ne doit pas être imputée à la maniere dont nous raiſonnons. Celui qui veut connoître un objet trop éloigné, quoiqu'il ne le découvre que confuſément, réuſſit mieux que celui qui voit plus diſtinctement des objets qui ne ſont pas celui-là.

Quoique je reſpecte infiniment DESCARTES, & que je croie, comme lui, que le fœtus eſt formé du mélange des deux ſemences, je ne puis croire que perſonne ſoit ſatisfait de l'explica-

tion

tion qu'il en donne, ni qu'on puiſſe expliquer par une mécanique intelligible, comment un animal eſt formé du mélange de deux liqueurs. Mais quoique la maniere dont ce prodige ſe fait, demeure cachée pour nous, je ne l'en crois pas moins certain.

CHAPITRE XVII.

Conjectures ſur la formation du fœtus.

DAns cette obſcurité ſur la maniere dont le fœtus eſt formé du mélange de deux liqueurs, nous trouvons des faits qui ſont peut-être plus comparables à celui-là, que ce qui ſe paſſe dans le cerveau.

Lorſque

Lorſque l'on mêle de l'argent & de l'eſprit de nître avec du mercure & de l'eau, les parties de ces matieres viennent d'elles-mêmes s'arranger pour former une végétation ſi ſemblable à un arbre, qu'on n'a pu lui en refuſer le nom *.

Dépuis la découverte de cette admirable végétation, l'on en a trouvé pluſieurs autres : l'une dont le fer eſt la baſe, imite ſi bien un arbre, qu'on y voit non-ſeulement un tronc, des branches & des racines, mais juſqu'à des feuilles & des fruits **. Quel miracle, ſi une telle végétation ſe formoit hors de la portée de notre vue ! La ſeule ha-

* Arbre de Diane.

** *Voyez* Mém. de l'Acad. Royale des Scienc. ann. 1705. pag. 415.

bitude

bitude diminue le merveilleux de la plupart des phénomenes de la nature *. On croit que l'esprit les comprend, lorsque les yeux y sont accoutumés : mais pour le Philosophe, la difficulté reste. Et tout ce qu'il doit conclurre, c'est qu'il y a des faits certains dont il ne sauroit connoître les causes ; & que ses sens ne lui sont donnés que pour humilier son esprit.

On ne sauroit gueres douter qu'on ne trouve encore plusieurs autres productions pareilles, si on les cherche, ou peut être lorsqu'on les cherchera le moins. Et quoique celles-ci paroissent moins organi-

* *Quid non in miraculo est, cùm primum in notitiam venit?*

C. Plin. Nat. hist. Lib. VII. Cap. 1.

ſées que les corps de la plupart des animaux, ne pourroient-elles pas dépendre d'une même mécanique & de quelques lois pareilles? Les lois ordinaires du mouvement y ſuffiroient-elles, ou faudroit-il appeller au ſecours des forces nouvelles?

Ces forces tout incompréhenſibles qu'elles ſont, ſemblent avoir pénétré juſques dans l'Académie des Sciences où l'on peſe tant les nouvelles opinions avant que de les admettre. Un des plus illuſtres Membres de cette Compagnie, dont nos ſciences regretteront longtems la perte; * un de ceux qui avoit pénétré le plus avant dans les ſecrets de la nature, avoit ſenti la dif-

* M. Geoffroy.

ficulté

ficulté d'en réduire les opérations aux lois communes du mouvement, & avoit été obligé d'avoir recours à des forces qu'il crut qu'on recevroit plus favorablement sous le nom de *Rapports*, mais Rapports qui font que *toutes les fois que deux substances qui ont quelque disposition à se joindre l'une avec l'autre, se trouvent unies ensemble ; s'il en survient une troisieme qui ait plus de rapport avec l'une des deux, elle s'y unit en faisant lâcher prise à l'autre* *.

Je ne puis m'empêcher d'avertir ici, que ces forces & ces rapports ne sont autre chose que ce que d'autres Philosophes plus hardis

* Mém. de l'Acad. des Scienc. ann. 1718. p. 102.

appellent *Attraction*. Cet ancien terme reproduit de nos jours, effaroucha d'abord les Physiciens qui croyoient pouvoir expliquer sans lui tous les phénomenes de la nature. Les Astronomes furent ceux qui sentirent les premiers le besoin d'un nouveau principe pour les mouvemens des corps celestes, & qui crurent l'avoir découvert dans ces mouvemens mêmes. La chymie en a depuis reconnu la nécessité; & les chymistes les plus fameux aujourd'hui, admettent l'Attraction, & l'étendent plus loin que n'ont fait les astronomes.

Pourquoi, si cette force existe dans la Nature, n'auroit-elle pas lieu dans la formation du corps des animaux? Qu'il y ait dans chacune

chacune des ſemences , des parties deſtinées à former le cœur , la tête, les entrailles, les bras , les jambes ; & que ces parties aient chacune un plus grand rapport d'union avec celle qui pour la formation de l'animal doit être ſa voiſine, qu'avec tout autre ; le fœtus ſe formera : & fût-il encore mille fois plus organiſé qu'il n'eſt, il ſe formeroit.

On ne doit pas croire qu'il n'y ait dans les deux ſemences, que préciſement les parties qui doivent former un fœtus, ou le nombre de fœtus que la femelle doit porter : chacun des deux ſexes y en fournit ſans doute, beaucoup plus qu'il n'eſt néceſſaire. Mais les deux parties qui doivent ſe toucher, étant une fois unies, une troisieme qui auroit pu faire la même union, ne trouve plus sa place, & demeure inutile. C'est ainsi, c'est par ces opérations répétées, que l'enfant est formé des parties du pere & de la mere, & porte souvent des marques visibles qu'il participe de l'un & de l'autre.

Si chaque partie est unie à celles qui doivent être ses voisines, & ne l'est qu'à celle-là, l'enfant naît dans sa perfection. Si quelques parties se trouvent trop éloignées, ou d'une forme trop peu convenable, ou trop foibles de rapport d'union, pour s'unir à celles auxquelles elles doivent être unies; il naît *un monstre par défaut*. Mais s'il arrive que des parties superflues trouvent encore leur place, & s'unissent aux parties dont l'union étoit déja suffisante, voilà *un monstre par excès*. Les Gemeaux sont encore plus faciles à expliquer : les mêmes opérations qui forment un fœtus, peuvent en former plusieurs.

Il semble que l'idée que nous proposons sur la formation du fœtus, satisferoit mieux qu'aucune autre aux phénomenes de la génération ; à la ressemblance de l'enfant, tant au pere qu'à la mere ; aux animaux mixtes qui naissent des deux especes différentes ; aux monstres tant par excès que par défaut : enfin cette idée paroît la seule qui puisse subsister avec les observations de HARVEY.

CHAPITRE XVIII.

Conjectures sur l'usage des Animaux spermatiques.

MAis ces petits animaux qu'on découvre au microscope, dans la semence du mâle, que deviendront-ils? A quel usage la nature les aura-t-elle destinés? Nous n'imiterons point quelques Anatomistes qui en ont nié l'existence : il faudroit être trop malhabile à se servir du microscope, pour ne les pouvoir appercevoir. Mais nous pouvons très-bien ignorer leur emploi. Ne peuvent-ils pas être de quelqu'usage pour la production de l'animal, sans être l'animal même? Peut-être ne servent-

ſervent-ils qu'à mettre les liqueurs prolifiques en mouvement ; à rapprocher par-là des parties trop éloignées ; & à faciliter l'union de celles qui doivent ſe joindre, en les faiſant ſe préſenter diverſement les unes aux autres.

J'ai cherché pluſieurs fois avec un excellent microſcope, s'il n'y avoit point des animaux ſemblables dans la liqueur que la femme répand. Je n'y en ai point vu. Mais je ne voudrois pas aſſurer pour cela, qu'il n'y en eût pas. Outre la liqueur que je regarde comme prolifique dans les femmes, qui n'eſt peut-être qu'en fort petite quantité, & qui peut-être demeure dans la matrice ; elles en répandent d'autres ſur leſquelles on peut ſe tromper, & mille circonſtan-

ces

tes rendront toujours cette expérience douteuſe. Mais quand il y auroit des animaux dans la ſemence de la femme, ils n'y feroient que le même office qu'ils font dans celle de l'homme. Et s'il n'y en a pas, ceux de l'homme ſuffiſent apparemment pour agiter & pour mêler les deux liqueurs.

Que cet uſage auquel nous imaginons que les animaux ſpermatiques pourroient être deſtinés, ne vous étonne point : la nature outre ſes agens principaux pour la production de ſes ouvrages, emploie quelquefois des miniſtres ſubalternes. Dans les Iſles de l'Archipel, on éleve avec grand ſoin, une eſpece de moucherons qui travaillent à la fécondation des figues *.

* Voyez le Voyage du Lev. de Tournefort.

CHAPITRE XIX.

Conclusion de cet Ouvrage : Doutes, & Questions.

JE n'espere pas que cette ébauche d'explication de la formation du fœtus, plaise à tout le monde : & je suis bien éloigné d'en être satisfait moi-même.

Je n'ai garde d'entreprendre d'éclaircir de pareilles obscurités. Mais au lieu de me perdre dans des conjectures hasardées, je demanderois plutôt :

Si cet instinct des animaux qui leur fait appercevoir ce qui leur convient ou ce qui leur nuit, & qui leur fait chercher l'un & fuir l'autre,

tre, n'appartient pas aux plus petites parties dont l'animal eſt formé? Si cet inſtint quoique diſperſé dans les parties des ſemences, & moins fort dans chacune, qu'il ne l'eſt dans tout l'animal, ne ſuffit pas cependant pour faire les unions néceſſaires entre ces parties; puiſque nous voyons que dans les animaux tout formés, il fait mouvoir leurs membres? Car quand on diroit que c'eſt par une mécanique intelligible que ces mouvemens s'exécutent: quand on les auroit tous expliqués par les tenſions & les relâchemens que l'affluence, ou l'abſence des eſprits ou du ſang cauſent aux muſcles; il faudroit toujours en revenir au mouvement même des eſprits & du ſang qui obéit à la volonté.

volonté. Et si la volonté n'est pas la vraie cause de ces mouvemens, mais simplement une cause occasionnelle, ne pourroit-on pas penser que l'instinct seroit une cause semblable des mouvemens & des unions des petites parties de la matiere ; ou qu'en vertu de quelqu'harmonie préétablie, ces mouvemens seroient toujours d'accord avec les volontés ?

Si cet instinct, comme l'esprit d'une République, est répandu dans toutes les parties qui doivent former le corps : ou si, comme dans un état Monarchique, il n'appartient qu'à quelque partie indivisible ?

Si dans ce cas, cette partie ne seroit pas ce qui constitue propre-

 ment

ment l'essence de l'animal ; pendant que les autres ne seroient que des enveloppes ou des especes de vêtemens ?

Si à la mort cette partie ne survivroit pas ? Et si dégagée de toutes les autres, elle ne conserveroit pas inaltérablement son essence ; toujours prête à produire un animal ; ou pour mieux dire, à reparoître revêtue d'un nouveau corps ? Si après avoir été dissipée dans l'air, ou dans l'eau, cachée dans les feuilles des plantes, ou dans la chair des animaux, elle se retrouveroit dans la semence de l'animal qu'elle devroit reproduire ?

Si cette partie ne pourroit jamais reproduire qu'un animal de la même espece ? Ou si elle ne pourroit

roit pas produire toutes les especes possibles, par la seule diversité des combinaisons des parties auxquelles elle s'uniroit * ?

* *Non omnis moriar; multaque pars meâ Vitabit libitinam.*

Q. Hor. Carm. Lib. III.

DISSERTATION SUR L'ORIGINE DES NOIRS.

CHAPITRE PREMIER.

Distribution des différentes races d'hommes selon les différentes parties de la terre.

SI les premiérs hommes blancs qui en virent des noirs, les avoient trouvés dans les forêts, peut-être

 ne

ne leur auroient-ils pas accordé le nom d'hommes. Mais ceux qu'on trouva dans de grandes villes, qui étoient gouvernés par de sages Reines, * qui faisoient fleurir les Arts & les Sciences ; dans des tems où presque tous les autres peuples étoient des barbares ; ces Noirs-là, auroient bien pu ne pas vouloir regarder les Blancs comme leurs freres.

Depuis le Tropique du Cancer jusqu'au Tropique du Capricorne l'Afrique n'a que des habitans noirs. Non-seulement leur couleur les distingue, mais ils different des autres hommes par tous les traits de leur visage : des nez

* Diodor. de Sicile. *Liv.* 3.

larges

larges & plats de grosses levres ; & de la laine au lieu de cheveux, paroissent constituer une nouvelle espece d'hommes. *

Si l'on s'éloigne de l'Equateur vers le Pôle Antarctique, le Noir s'éclaircit, mais la laideur demeure : on trouve ce vilain peuple qui habite la pointe Méridionale de l'Afrique **.

Qu'on remonte vers l'Orient : on verra des peuples dont les traits se radoucissent, & deviennent plus réguliers, mais dont la couleur est aussi noire que celle

* *Æthiopes maculant Orbem, tenebrisque figurant,*
Per fuscas hominum gentes.

Manil. Lib. IV. vers. 723.

** Les Hottentôts.

qu'on

qu'on trouve en Afrique.

Après ceux-là un grand peuple basanné est distingué des autres peuples par des yeux longs, étroits & placés obliquement.

Si l'on passe dans cette vaste partie du monde qui paroît séparée de l'Europe, de l'Afrique & de l'Asie, on trouve comme on peut croire, bien de nouvelles variétés. Il n'y a point d'hommes blancs : cette terre peuplée de nations rougeâtres & basannées de mille nuances, se termine vers le Pôle Antarctique par un Cap & des Isles habitées, dit-on, par des Géans. Si l'on en croit les relations de plusieurs voyageurs, on trouve à cette extrémité de l'Amérique une race d'hommes

VENUS
PHYSIQUE.

SECONDE PARTIE.

CONTENANT

UNE DISSERTATION

SUR

L'ORIGINE DES NOIRS.

Nimium ne crede colori.
Virg. Eglog. II.

M ij

DISSERTATION SUR L'ORIGINE *DES NOIRS.*

CHAPITRE PREMIER.

Distribution des différentes races d'hommes selon les différentes parties de la terre.

SI les premiers hommes blancs qui en virent de noirs, les avoient trouvés dans les forêts, peut-être ne leur auroient-ils pas accordé le le nom d'hommes. Mais ceux qu'on trouva dans de grandes villes, qui étoient gouvernés par de sages Reines, * qui faisoient fleurir les Arts & les Sciences, qui avoient bâti le temple de Jupiter Ammon, dans des tems où presque tous les autres peuples étoient des barbares ; ces Noirs-là, auroient bien pu ne pas vouloir regarder les Blancs comme leurs freres.

Depuis le Tropique du Cancer jusqu'à celui du Capricorne l'Afrique n'a que des habitans noirs. Non-seulement leur couleur les distingue, mais ils différent des autres hommes par tous les traits de leur visage : des nez larges & plats

* Diodor. de Sicile.

de grosses levres, & de la laine au lieu de cheveux, paroissent constituer une nouvelle espece d'hommes *.

Si l'on s'éloigne de l'Equateur vers le Pole Antarctique, le Noir s'éclaircit, mais la laideur demeure : on trouve ce vilain peuple qui habite la pointe Méridionale de l'Afrique **.

Qu'on remonte vers l'Orient ; on verra des peuples dont les traits se radoucissent, & deviennent plus réguliers, mais dont la couleur est aussi noire que celle

* *Æthiopes maculant Orbem, tenebrisque figurant,*
Per fuscas hominum gentes.
Manil. Lib. IV. vers. 723.

** Les Hottentôts.

qu'on

qu'on trouve en Afrique.

Après ceux-là un grand peuple basanné est distingué des autres peuples par des yeux longs, étroits & placés obliquement.

Si l'on passe dans cette vaste partie du monde qui paroît séparée de l'Europe, de l'Afrique & de l'Asie, on trouve, comme on peut croire, bien de nouvelles variétés. Il n'y a point d'hommes blancs : cette terre peuplée de nations rougeâtres & basannées de mille nuances, se termine vers le Pole Antarctique par un Cap & des Isles habitées, dit-on, par des Géans. Si l'on en croit les relations de plusieurs voyageurs, on trouve à cette extrémité de l'Amérique une race d'hommes d'hommes dont la hauteur eſt preſque double de la nôtre.

Avant que de ſortir de notre continent, nous aurions pu parler d'une autre eſpece d'hommes bien différens de ceux-ci. Les habitans de l'extrémité Septentrionale de l'Europe ſont les plus petits de tous ceux qui nous ſont connus : les Lapons du côté du Nord, les Patagons du côté du Midi paroiſſent les termes extremes de la race des hommes.

Je ne finirois point, ſi je parlois des habitans des îles qu'on rencontre dans la mer des Indes, & de celles qui ſont dans ce vaſte Océan, qui remplit l'intervalle entre l'Aſie & l'Amérique. Chaque peuple, chaque nation y a ſa

forme

forme comme ſa langue * : & la forme n'eſt-elle pas une eſpece de langue elle-même, & celle de toutes qui ſe fait le mieux entendre ?

Si l'on parcouroit toutes ces îles, on trouveroit peut-être dans quelques-unes des habitans bien plus embarraſſans pour nous que les Noirs; auxquels nous aurions bien de la peine à refuſer ou à donner le nom d'hommes. Les habitans des forêts de Borneo dont parlent quelques voyageurs, ſi ſemblables d'ailleurs aux hommes, en penſent-

* *Adde ſonos totidem vocum, totidem inſere linguas,*
Et mores pro ſorte pares, rituſque locorum.

Manil. Lib. IV. verſ. 731.

ils

ils moins pour avoir des queues de singes ? Et ce qu'on n'a fait dépendre ni du blanc ni du noir, dépendra-t-il du nombre des vertebres ?

Dans cet Istme qui sépare la mer du Nord de la mer pacifique, on dit * qu'on trouve des hommes plus blancs que tous ceux que nous connoissons : leurs cheveux seroient pris pour de la laine la plus blanche ; leurs yeux trop foibles pour la lumiere du jour, ne s'ouvrent que dans l'obscurité de la nuit. Ils sont dans le genre des hommes ce que sont parmi les oiseaux, les chauve-souris & les hiboux. Quand l'astre du jour

* Voyage de VVafer, description de l'Istme de l'Amérique.

a disparu, & laissé la nature dans le deuil & dans le silence; quand tous les autres habitans de la terre accablés de leurs travaux, ou fatigués de leurs plaisirs, se livrent au sommeil; le Darien s'éveille, loue ses Dieux, se réjouit de l'absence d'une lumiere insupportable, & vient remplir le vuide de la nature. Il écoute les cris de la chouette avec autant de plaisir que le berger de nos contrées entend le chant de l'alouette, lorsqu'à la premiere Aube, hors de la vue de l'épervier, elle semble aller chercher dans la nue le jour qui n'est pas encore sur la terre: elle marque par le battement de ses ailes, la cadence de ses ramages; elle s'éleve & se perd dans la nue,

on

on ne la voit plus, qu'on l'entend encore : ses sons qui n'ont plus rien de distinct, inspirent la tendresse & la rêverie ; ce moment réunit la tranquillité de la nuit avec les plaisirs du jour. Le Soleil paroît : il vient rapporter sur la terre le mouvement & la vie, marquer les heures, & destiner les différens travaux des hommes. Les Dariens n'ont pas attendu ce moment ; ils sont déja tous retirés. Peut-être en trouve-t-on encore à table quelques-uns qui après avoir accablé leur estomac de ragouts, épuisent leur esprit en traits & en pointes. Mais le seul homme raisonnable qui veille, est celui qui attend midi pour un rendez-vous c'est à cette heure, c'est à la faveur de la plus vive lumiere qu'il doit tromper la vigilance d'une mere, & s'introduire chez sa timide amante.

Le phénomene le plus remarquable, & la loi la plus constante, sur la couleur des habitans de la terre, c'est que toute cette large bande qui ceint le globe d'Orient en Occident, qu'on appelle la Zone torride, n'est habitée que par des peuples noirs, ou fort basannés. Malgré les interruptions que la mer y cause, qu'on la suive à travers l'Afrique, l'Asie & l'Amérique, soit dans les îles, soit dans les continens, on n'y trouve que des nations noires: car ces hommes nocturnes dont nous venons de parler, & quelques blancs qui

naissent

naissent quelquefois, ne méritent pas qu'on fasse ici d'exception.

En s'éloignant de l'Equateur, la couleur des peuples s'éclaircit par nuances. Elle est encore fort brune au-delà du Tropique; & l'on ne la trouve tout-à-fait blanche que lorsqu'on s'avance dans la Zone tempérée. C'est aux extrémités de cette Zone qu'on trouve les peuples les plus blancs. La Danoise aux cheveux blonds éblouit par sa blancheur le voyageur étonné: il ne sauroit croire que l'objet qu'il voit, & l'Afriquaine qu'il vient de voir, soient deux femmes.

Plus loin encore vers le Nord, & jusques dans la Zone glacée, dans ce pays que le Soleil ne daigne pas éclairer en hiver; où la

 terre,

terre ; plus dure que le ſoc, ne porte aucune des productions des autres pays ; dans ces affreux climats, on trouve des teints de lis & de roſes. Riches contrées du midi, terres du Perou & du Potoſi, formez l'or dans vos mines, je n'irai point l'en tirer ; Golconde filtrez le ſuc précieux qui forme les diamans & les rubis ; ils n'embelliront point vos femmes, & ſont inutiles aux nôtres. Qu'ils ne ſervent qu'à marquer tous les ans le poids & la valeur d'un Monarque * imbecille

* Le Grand Mogol ſe fait peſer tous les ans, & les poids qu'on met dans la balance, ſont des diamans & des rubis. Il vient d'être dethroné par Kouli-Can, & réduit à être Vaſſal des Rois de Perſe.

bécille qui pendant qu'il eſt dans cette ridicule balance perd ſes états & ſa liberté.

Mais dans ces contrées extrêmes, où tout eſt blanc & où tout eſt noir, n'y a-t-il pas trop d'uniformité ? Et le mélange ne produiroit-il pas des beautés nouvelles ? C'eſt ſur les bords de la Seine qu'on trouve cette heureuſe variété. Dans les Jardins du Louvre, un beau jour de l'Eté, vous verrez tout ce que la terre entiere peut produire de merveilles.

Une brune aux yeux noirs brille de tout le feu des beautés du midi ; des yeux bleus adouciſſent les traits d'une autre : ces yeux portent par-tout où ils ſont les charmes de la blonde. Des cheveux châtains

pa-

paroiſſent être ceux de la Nation. La Françoiſe n'a ni la vivacité de celles que le Soleil brûle, ni la langueur de celles qu'il n'échauffe pas : mais elle a tout ce qui les fait plaire. Quel éclat accompagne celle-ci ! Elle paroît faite d'albâtre, d'or & d'azur : j'aime en elle juſqu'aux erreurs de la Nature, lorſqu'elle a un peu outré la couleur de ſes cheveux. Elle a voulu la dédommager par une nouvelle teinte de blanc d'un tort qu'elle ne lui a point fait. Beautés qui craignez que ce ſoit un défaut, n'ayez point recours à la poudre ; laiſſez s'étendre les roſes de votre teint ; laiſſez-les porter la vie juſques dans vos cheveux... J'ai vu des yeux verds dans cette foule de beautés, & je les reconnoiſſois

noiſſois de loin : ils ne reſſembloient ni à ceux des nations du Midi , ni à ceux des nations du Nord.

Dans ces Jardins délicieux , le nombre des beautés ſurpaſſe celui des fleurs : & il n'en eſt point qui aux yeux de quelqu'un ne l'emporte ſur toutes les autres. Cueillez de ces fleurs , mais n'en faites pas des bouquets : voltigez amans , parcourez-les toutes , mais revenez toujours à la même , ſi vous voulez gouter des plaiſirs qui rempliſſent votre coeur.

CHAPITRE II.

Explication du Phénomene des différentes couleurs, dans les Systemes des Oeufs & des Vers.

TOus ces peuples que nous venons de parcourir, tant d'hommes divers, sont-ils sortis d'une même mere ? Il ne nous est pas permis d'en douter.

Ce qui nous reste à examiner, c'est comment d'un seul individu, il a pu naître tant d'especes si différentes. Je vais hasarder sur cela quelques conjectures.

Si les hommes ont été d'abord tous formés d'œuf en œuf, il y auroit eu dans la premiere mere, des

des œufs de différentes couleurs qui contenoient des ſuites innombrables d'œufs de la même eſpece, mais qui ne devoient éclorre que dans leur ordre de developpement après un certain nombre de générations, & dans les tems que la providence avoit marqués pour l'origine des peuples qui y étoient contenus. Il ne ſeroit pas impoſſible qu'un jour la ſuite des œufs blancs qui peuplent nos régions, venant à manquer, toutes les nations Européennes changeaſſent de couleur : comme il ne ſeroit pas impoſſible auſſi que la ſource des œufs noirs étant épuiſée, l'Ethiopie n'eût plus que des habitans blancs. C'eſt ainſi que dans une carriere profonde, lorſque la veine de marbre

bre blanc eſt épuiſée, l'on ne trouve plus que des pierres de différentes couleurs qui ſe ſuccedent les unes aux autres. C'eſt ainſi que des races nouvelles d'hommes peuvent paroître ſur la terre, & que les anciennes peuvent s'éteindre.

Si l'on admettoit le ſyſteme des vers; ſi tous les hommes avoient d'abord été contenus dans ces animaux qui nageoient dans la ſemence du premier homme, on diroit des vers, ce que nous venons de dire des œufs: le Ver pere des Negres contenoit de ver en ver tous les habitans de l'Ethiopie; le ver Darien, le ver Hottentôt, & le ver Patagon avec tous leurs deſcendans étoient déja tous formés, & devoient peupler un jour les parties

ties de la terre où l'on trouve ces peuples.

CHAPITRE III.

Productions de nouvelles especes.

CES systemes des œufs & des vers ne sont peut-être que trop commodes pour expliquer l'origine des Noirs & des Blancs : ils expliqueroient même comment des especes différentes pourroient être sorties de mêmes individus. Mais on a vu dans la dissertation précédente quelles difficultés on peut faire contre.

Ce n'est point au blanc & au noir que se réduisent les variétés du genre humain ; on en trouve mille autres ; & celles qui frappent le plus notre vue, ne coutent peut-être pas plus à la Nature que celles que nous n'appercevons qu'à peine. Si l'on pouvoit s'en assurer par des experiences décisives, peut-être trouveroit-on aussi rare de voir naître avec des yeux bleus un enfant dont tous les ancêtres auroient eu les yeux noirs, qu'il l'est de voir naître un enfant blanc de parens negres.

Les enfans d'ordinaire ressemblent à leurs parens : & les variétés même avec lesquelles ils naissent, sont souvent des effets de cette ressemblance. Ces variétés, si on les pouvoit suivre, auroient peut-être leur origine dans quelqu'ancêtre inconnu. Elles se perpetuent par des générations répétées d'individus qui les

ont ;

ont ; & s'effacent par des générations d'individus qui ne les ont pas. Mais, ce qui est peut-être encore plus étonnant, c'est après une interruption de ces variétés, de les voir reparoître ; de voir l'enfant qui ne ressemble ni à son pere ni à sa mere, naître avec les traits de son ayeul. Ces faits, tout merveilleux qu'ils sont, sont trop fréquens pour qu'on les puisse révoquer en doute.

Le Negre donc qui est actuellement à Paris, quand il y trouveroit une Negresse aussi blanche que lui, ne feroit peut-être avec elle que des enfans noirs ; parce qu'un nombre suffisant de générations n'auroit pas encore effacé la couleur de leurs premiers ancêtres. Mais si l'on s'appliquoit pendant plusieurs générations à donner aux descendans de ce Negre des femmes Negres-blanches ou qui descendissent de Negres blancs, ces alliances confirmeroient la race.

La Nature contient le fonds de toutes ces variétés : mais le hazard ou l'art les mettent en œuvre. C'est ainsi que ceux dont l'industrie s'applique à satisfaire le gout des curieux, sont, pour ainsi dire, créateurs d'especes nouvelles. Nous voyons paroître des races de chiens, de pigeons, de serins qui n'étoient point auparavant dans la nature. Ce n'ont été d'abord que des individus fortuits ; l'art & les générations répétées en ont fait des especes. Le fameux Lyonnès crée tous les ans quelqu'espece nouvelle, & détruit celle qui n'eſt plus à la mode. Il corrige les formes, & varie les couleurs : il a inventé les eſpeces de l'*Arlequin*, du *Mopſe*, &c.

Pourquoi cet art ſe borne-t-il aux animaux ? pourquoi ces ſultans blaſés dans des ſerrails qui ne renferment que des femmes de toutes les eſpeces connues, ne ſe font-ils pas faire des eſpeces nouvelles ? Si j'étois réduit comme eux au ſeul plaiſir que peuvent donner la forme & les traits, j'aurois bien-tôt recours à ces variétés. Mais quelque belles que fuſſent les femmes qu'on leur feroit naître, ils ne connoîtront jamais que la plus petite partie des plaiſirs de l'amour, tandis qu'ils ignoreront ceux que l'eſprit & le cœur peuvent faire goûter.

Si nous ne voyons pas se former parmi nous de ces especes nouvelles de beautés, nous ne voyons que trop souvent des productions qui pour le Physicien sont du même genre ; des races de louches, de boiteux, de goutteux, de phtisiques : & malheureusement il ne faut pas pour leur établissement une longue suite de générations. Mais la sage nature, par le dégout qu'elle a inspiré pour ces défauts, n'a pas voulu qu'ils se perpétuassent : les beautés sont plus surement héréditaires, la taille & la jambe que nous admirons, sont l'ouvrage de plusieurs générations, où l'on s'est appliqué à les former.

Un Roi du nord est parvenu à élever & embellir sa nation. Il avoit un gout excessif pour les hommes de de haute taille & de belle figure : il les attiroit de par tout dans son royaume : la fortune rendoit heureux tous ceux que la nature avoit formés grands. On voit aujourd'hui un exemple singulier de la puissance des Rois. Cette nation se distingue par les tailles les plus avantageuses & par les figures les plus regulieres. C'est ainsi qu'on voit s'élever une forêt au dessus de tous les bois qui l'environnent, si l'œil attentif du maître s'applique à y cultiver des arbres droits & bien choisis. Le chêne & l'orme parés des feuillages les plus verds, poussent leurs branches jusqu'au ciel : l'aigle seule en peut atteindre la cime. Le successeur de ce Roi embellit aujourd'hui la forêt par les lauriers, les myrthes & les fleurs.

Les

Les Chinois se sont avisés de croire qu'une des plus grandes beautés des femmes, seroit d'avoir des piés sur lesquels elles ne pussent pas se soutenir. Cette nation si attachée à suivre en tout les opinions,& le gout de ses ancêtres, est parvenue à avoir des femmes avec des piés ridicules. J'ai vu des mules de Chinoises, où nos femmes n'auroient pu faire entrer qu'un doigt de leur pié. Cette beauté n'est pas nouvelle. Pline d'après Eudoxe parle d'une nation des Indes dont les femmes avoient le pié si petit, qu'on les appelloit piés-d'autruches *. Il est vrai qu'il ajoute que les hommes avoient le pié long d'une coudée: mais il est à croire que la petitesse du pié des femmes

* *C. Plin. Natur. Hist. Lib. 7. Cap. 2.*

a porté à l'exagération sur la grandeur de celui des hommes. Cette nation n'étoit-elle point celle des Chinois, peu connue alors ? Au reste on ne doit pas attribuer à la Nature seule la petitesse du pié des Chinoises ; pendant les premiers tems de leur enfance, on tient leurs piés serrés pour les empêcher de croître. Mais il y a grande apparence que les Chinoises naissent avec des piés plus petits que les femmes des autres nations. C'est une remarque curieuse à faire & qui merite l'attention des voyageurs.

Beauté fatale, desir de plaire, quels desordres ne causez-vous pas dans le monde ! Vous ne vous bornez pas à tourmenter nos cœurs : vous changez l'ordre de toute la Nature. La jeune

jeune françoise qui se moque de la Chinoise, ne la blâme que de croire qu'elle en sera plus belle en sacrifiant la grace de la demarche à la petitesse du pié : car au fond elle ne trouve pas que ce soit payer trop cher quelque charme que de l'acquerir par la torture & la douleur. Elle-même dès son enfance a le corps renfermé dans une boîte de baleine, ou forcé par une croix de fer, qui la gêne plus que toutes les bandelettes qui serrent le pié de la Chinoise. Sa tête herissée de papillotes pendant la nuit, au lieu de la mollesse de ses cheveux, ne trouve pour s'appuyer que les pointes d'un papier dur : elle y dort tranquillement, elle se repose sur ses charmes.

CHAPITRE

CHAPITRE IV.

Des Negres-blancs.

J'Oublierois volontiers ici le phenomene que j'ai entrepris d'expliquer : j'aimerois bien mieux m'occuper du reveil d'Iris que de parler de ce vilain Negre dont il faut que je vous fasse l'histoire.

C'est un enfant de 4. ou 5. ans qui a tous les traits des Negres, & dont une peau très-blanche & blafarde ne fait qu'augmenter la laideur. Sa tête est couverte d'une laine blanche tirant sur le roux. Ses yeux d'un bleu clair paroissent blessés de l'éclat du jour. Ses mains grosses & mal faites ressemblent plutôt aux pattes d'un animal

animal qu'aux mains d'un homme. Il est né à ce qu'on assure de pere & mere Afriquains, & très-noirs.

L'Academie des Sciences fait mention * d'un monstre pareil qui étoit né à Surinam, de race Afriquaine. Sa mere étoit noire & assuroit que le pere l'étoit aussi. L'Historien de l'Academie paroît revoquer ce dernier fait en doute ; ou plutôt paroît persuadé que le pere étoit un Negre-blanc. Mais je ne crois pas que cela fût nécessaire : il suffisoit que cet enfant eût quelque Negre-blanc parmi ses ayeux, ou peut-être étoit-il le premier Negre-blanc de sa race.

Madame la Comtesse de V * * qui a un cabinet rempli de curiosités les

* Hist. de l'Acad. Royal. des Sc. 1734.

plus

plus merveilleuſes de la nature, mais dont l'eſprit s'étend bien au-delà ; a le portrait d'un Negre de cette eſpece. Quoique celui qu'il repréſente, qui eſt actuellement en Eſpagne & que Mylord M** m'a dit avoir vu, ſoit bien plus âgé que celui qui eſt à Paris, on lui voit le même teint, les mêmes yeux, la même phyſionomie.

On m'a aſſuré qu'on trouvoit au Senegal des familles entieres de cette eſpece ; & que dans les familles noires, il n'étoit ni ſans exemple ni même fort rare de voir naître des Negres-blancs.

L'Amerique & l'Afrique ne ſont pas les ſeules parties du monde, où l'on trouve de ces ſortes de monſtres : l'Aſie en produit auſſi. Un homme auſſi diſtingué par ſon mérite, que par la place qu'il a occupée dans les Indes Orientales, mais ſurtout reſpectable par ſon amour pour la vérité, M. du M**. a vu parmi les Noirs, des blancs dont la blancheur ſe tranſmettoit de pere en fils. Il a bien voulu ſatisfaire ſur cela ma curioſité. Il regarde cette blancheur comme une maladie de la peau *; c'eſt ſelon lui un accident, mais un accident qui ſe perpétue & qui ſubſiſte pendant pluſieurs générations.

J'ai été charmé de trouver les idées d'un homme auſſi éclairé, conformes à celles que j'avois ſur ces

* Ou plutôt de la Membrane Réticulaire, qui eſt la partie de la peau dont la teinte fait la couleur des Noirs.

especes de monstres. Car qu'on prenne cette blancheur pour une maladie, ou pour tel accident qu'on voudra, ce ne sera jamais qu'une varieté heréditaire qui se confirme ou s'efface par une suite de générations.

Ces changemens de couleur sont plus fréquens dans les animaux que dans les hommes. La couleur noire est aussi inherente aux corbeaux & aux merles, qu'elle l'est aux Negres : j'ai cependant vu plusieurs fois des merles & des corbeaux blancs. Et ces variétés formeroient vraisemblablement des especes si on les cultivoit. J'ai vu des contrées où toutes les poules étoient blanches. La blancheur de la peau liée d'ordinaire avec la blancheur de la plume a fait préferer ces poules aux autres ; & de génération en génération, on est parvenu à n'en voir plus éclorre que de blanches.

Au reste il est fort probable que la différence du blanc au noir si sensible à nos yeux est fort peu de chose pour la nature. Une légere alteration à la peau du cheval le plus noir y fait croître du poil blanc, sans aucun passage par les couleurs intermédiaires.

Si l'on avoit besoin d'aller chercher ce qui arrive dans les plantes pour confirmer ce que je dis ici ; ceux qui les cultivent vous diroient que toutes ces especes de plantes & d'arbrisseaux pennachés qu'on admire dans nos jardins, sont dues à

des

des variétés devenues héréditaires qui s'effacent ſi l'on neglige d'en prendre ſoin. *

CHAPITRE V.

Eſſai d'explication des Phénomenes précédens.

POur expliquer maintenant tous ces Phénomenes : la production des variétés accidentelles ; la ſucceſſion de ces variétés d'une génération à l'autre ; & enfin l'établiſſement ou

* *Vidi lecta diu, & multo ſpectata labore,*
Degenerare tamen : ni vis humana quot annis.
Maxima quaque manu legeret :
Virg. Georg. Lib. 2.

la destruction des especes : voici ce me semble ce qu'il faudroit supposer. Si ce que je vais vous dire vous revolte, je vous prie de ne le regarder que comme un effort que j'ai fait pour vous satisfaire. Je n'espere point vous donner des explications complettes de Phénomenes si difficiles : ce sera beaucoup pour moi si je conduis ceux-ci jusqu'à pouvoir être liés avec d'autres Phénomenes dont ils dépendent.

Il faut donc regarder comme des faits qu'il semble, que l'expérience nous force d'admettre.

1°. *Que la liqueur séminale de chaque espece d'animaux contient une multitude innombrable de parties propres à former par leurs assemblages des animaux de la même espece.*

2°. *Que dans la liqueur séminale de chaque individu, les parties propres à former des traits semblables à ceux de cet individu, sont celles qui d'ordinaire sont en plus grand nombre, & qui ont le plus d'affinité ; quoiqu'il y en ait beaucoup d'autres pour des traits différens.*

3°. *Quant à la maniere dont se formeront dans la semence de chaque animal des parties analogues à celles de cet animal; je ne l'examine point ici.*

Mais ces suppositions paroissant nécessaires, & étant une fois admises, il semble qu'on pourroit expliquer tous les Phénomenes que nous avons vu ci-dessus.

Les parties analogues à celles du pere & de la mere, étant les plus nombreuses, & celles qui ont le plus d'affinité d'affinité, seront celles qui s'uniront le plus ordinairement : & elles formeront des animaux semblables à ceux dont ils seront sortis.

Le hazard, ou la disette des traits de famille feront quelquefois d'autres assemblages : & l'on verra naître de parens noirs un enfant blanc ; ou peut-être même un noir, de parens blancs, quoique ce dernier Phénomene soit beaucoup plus rare que l'autre.

Je ne parle ici que de ces naissances singulieres où l'enfant né d'un pere & d'une mere de même espece auroit des traits qu'il ne tiendroit point d'eux : car dès qu'il y a mélange d'espèces, l'experience nous apprend que l'enfant tient de l'une & de l'autre.

Ces

Ces unions extraordinaires de parties qui ne ſont pas les parties analogues à celles des parens, ſont véritablement des monſtres pour le téméraire qui veut expliquer les merveilles de la Nature. Ce ne ſont que des beautés pour le ſage qui ſe contente d'en admirer le ſpectacle.

Ces productions ne ſont d'abord qu'accidentelles ; les parties originaires des ancêtres ſe retrouvent encore les plus abondantes dans les ſemences : après quelques générations ou dès la génération ſuivante, l'eſpece originaire reprendra le deſſus ; & l'enfant au lieu de reſſembler à ſes pere & mere reſſemblera à des ancêtres plus éloignés. * Pour faire des

* C'eſt ce qui arrive tous les jours dans les familles. Un enfant qui ne reſſemble ni à ſon pere ni à ſa mere, reſſemblera à ſon ayeul.

eſpeces,

especes, des races qui se perpétuent, il faut vraisemblablement que ces générations soient répétées plusieurs fois ; il faut que les parties propres à faire les traits originaires, moins nombreuses à chaque génération se dissipent, ou restent en si petit nombre qu'il faudroit un nouveau hazard pour reproduire l'espece originaire.

Au reste quoique je suppose ici que le fonds de toutes ces variétés se trouve dans les liqueurs séminales mêmes, je n'exclus pas l'influence que le climat & les alimens peuvent y avoir. Il semble que la chaleur de la Zone torride soit plus propre à fomenter les parties qui rendent la peau noire, que celles qui la rendent blanche : Et je ne sai jusqu'où peut aller cette influence du climat ou des alimens

mens, après de longues ſuites de ſiecles.

Ce ſeroit aſſurement quelque choſe qui meriteroit bien l'attention des Philoſophes, que d'éprouver ſi certaines ſingularités artificielles des animaux ne paſſeroient pas après pluſieurs générations aux animaux qui naîtroient de ceux-là. Si des queues ou des oreilles coupées de génération en génération ne diminueroient pas, ou même ne s'anéantiroient pas à la fin.

Ce qu'il y a de sûr, c'eſt que toutes les variétés qui pourroient caracteriſer des eſpeces nouvelles d'animaux & de plantes, tendent à s'éteindre : ce ſont des écarts de la nature dans leſquels elle ne perſevere que par l'art ou par le regime.

Ses

Ses ouvrages tendent toujours à reprendre le dessus.

CHAPITRE VI.

Qu'il est beaucoup plus rare qu'il naisse des enfans noirs de parens blancs, que de voir naître des enfans blancs de parens noirs. Que les premiers parens du genre humain étoient blancs. Difficulté sur l'origine des noirs levée.

DE ces naissances subites d'enfans blancs au milieu de peuples noirs on pourroit peut-être conclurre que le blanc est la couleur primitive des hommes ; & que le noir n'est qu'une variété devenue héréditaire depuis plusieurs siécles, mais qui n'a point entierement effacé cé la couleur blanche qui tend toujours à reparoître. Car on ne voit point arriver le Phénomene opposé : l'on ne voit point naître d'ancêtres blancs des enfans noirs.

Je sai qu'on a pretendu que ce prodige étoit arrivé, mais il est si destitué de preuves suffisantes qu'on ne peut raisonnablement le croire. Le gout de tous les hommes pour le merveilleux doit toujours rendre suspects les prodiges lorsqu'ils ne sont pas invinciblement constatés. Un enfant naît avec quelque difformité, les femmes qui le reçoivent en font aussi-tôt un monstre affreux : sa peau est plus brune qu'à l'ordinaire, c'est un Negre. Mais tous ceux qui ont vu naître les enfans Negres, savent qu'ils ne naissent point noirs ; & que dans les premiers tems de leur vie, l'on auroit peine à les distinguer des autres enfans. Quand donc dans une famille blanche il naîtroit un enfant negre, il demeureroit longtems incertain qu'il le fût : on ne penseroit point d'abord à le cacher, & l'on ne pourroit dérober, du moins les premiers mois de son existence, à la notoriété publique, ni cacher ensuite ce qu'il seroit devenu ; sur-tout si l'enfant appartenoit à des parens considérables. Mais le Negre qui naîtroit parmi le peuple, lorsqu'il auroit une fois pris toute sa noirceur, ses parens ne pourroient ni ne voudroient le cacher : ce seroit un prodige que la curiosité du public leur rendroit utile ; & la plupart des gens du peuple aimeroient autant leur fils noir que blanc.

Or

Or si ces Prodiges arrivoient quelquefois, la probabilité qu'ils arriveroient plutôt parmi les enfans du peuple que parmi les enfans des grands, est immense, & dans le rapport de la multitude du peuple; pour un enfant noir d'un grand Seigneur, il faudroit qu'il nâquît mille enfans noirs parmi le peuple. Et comment ces faits pourroient-ils être ignorés; comment pourroient-ils être douteux?

S'il naît des enfans blancs parmi les peuples noirs; si ces Phénomenes ne sont pas même fort rares parmi les peuples peu nombreux de l'Afrique & de l'Amérique; combien plus souvent ne devroit-il pas naître des Noirs parmi les peuples innombrables de l'Europe, si la nature amenoit aussi facilement l'un & l'autre de ces hasards ? Et si nous avons la connoissance de ces Phénomenes lorsqu'ils arrivent dans des pays si éloignés, comment se pourroit-il faire qu'on en ignorât de semblables s'ils arrivoient parmi nous ?

Il me paroît donc démontré que s'il naît des noirs de parens blancs, ces naissances sont incomparablement plus rares que les naissances d'enfans blancs de parens noirs.

Cela suffiroit peut-être pour faire penser que le blanc est la couleur des premiers hommes ; & que ce n'est que par quelque accident que le noir est devenu une couleur héréditaire aux grandes familles qui peuplent la Zone torride ; parmi lesquelles cependant la couleur primitive

tive n'eſt pas ſi parfaitement effacée qu'elle ne reparoiſſe quelquefois.

Cette difficulté donc ſur l'origine des Noirs tant rebattue & que quelques gens voudroient faire valoir contre l'hiſtoire de la Geneſe qui nous apprend que tous les peuples de la terre ſont ſortis d'un ſeul pere & d'une ſeule mere ; cette difficulté eſt levée ſi l'on admet un ſyſtême qui eſt au moins auſſi vraiſemblable que tout ce qu'on avoit imaginé juſqu'ici pour expliquer la génération.

CHAPITRE VII.

Pourquoi les Noirs ne ſe trouvent que dans la Zone torride; & les Nains & les Géans vers les Poles.

On voit encore naître, & même parmi nous d'autres monſtres qui vraiſemblablement ne ſont que des combinaiſons fortuites des parties des ſemences, ou des effets d'affinités trop puiſſantes ou trop foibles entre ces parties : des hommes d'une grandeur exceſſive, & d'autres d'une petiteſſe extrême ſont des eſpeces de monſtres, mais qui feroient des peuples ſi l'on s'appliquoit à les multiplier.

Si ce que nous rapportent les voyageurs,

voyageurs, des terres magellaniques & des extremités ſeptentrionales du monde, eſt vrai ; ces races de Géans & de Nains s'y ſeroient établies ou par la convenance des climats, ou plutôt, parce que dans les tems où elles commençoient à paroître, elles auroient été chaſſées dans ces régions par les autres hommes qui auroient craint ces Coloſſes ou mépriſé ces Pigmées.

Que des Géans que des Nains que des Noirs ſoient nés parmi les autres hommes, l'orgueil ou la crainte auront armé contre eux la plus grande partie du genre humain ; & l'eſpece la plus nombreuſe aura relegué ces races difformes dans les climats de la terre les moins habitables. Les Nains ſe ſeront re-

tirés

tirés vers le Pole arctique : les Géans auront été habiter les terres de Magellan ; les Noirs auront peuplé la Zone torride.

TABLE

TABLE DES MATIERES.

PREMIERE PARTIE.

A.

C.

D.

D.

E.

F.

G.

H.

I.

L.

M.

O.

R.

S.

T.

V.

V.

VAGIN, canal au fond duquel eſt la matrice. p. 11.

VIE : Il ſeroit plus raiſonnable de ſonger à en jouir que d'en perdre les momens à chercher ce qui l'a precedée ou ce qui doit la ſuivre. p. 1. & 2.

TABLE DES MATIERES.

SECONDE PARTIE.

A.

B.

BLANCHEUR

C.

D.

E.

H.

I.

I.

L.

M.

N.

rares que blancs nés de parens noirs. p. 161. 164.

Noirs ne naissent point tels : ils le deviennent en croissant. p. 162.

—— S'il en naissoit de parens blancs, il seroit difficile de cacher ce Phénomene. *Ibid.*

O.

OEufs, il faut supposer qu'il y en avoit de différentes couleurs dans la premiere mere du genre humain, & qu'ils se sont perpetués ainsi chacun dans la sienne ; si l'on explique la formation de l'homme par le systeme des œufs. p. 134.

P.

Patagons habitans du fonds de l'Amérique vers le Pôle antarctique, dont la hauteur est presque double de la nôtre. p. 122.

Q.

R.

V.

VERS. Il faut ſuppoſer qu'il y en avoit de différentes couleurs dans la ſemence du premier homme, ſi l'on explique la formation des hommes par le ſyſteme des vers. p. 136.

Z.

ZONE TORRIDE. Tous les peuples qui l'habitent ſont noirs. p. 120. 128.

—— Glaciale du côté du nord, habitée par des peuples très blancs.

FIN.

Pag. 78. à la note : Heiſter, *liſez* Lyſter.

Défauts constatés sur le document original

www.ingramcontent.com/pod-product-compliance
Ingram Content Group UK Ltd.
Pitfield, Milton Keynes, MK11 3LW, UK
UKHW020453200726
13857UKWH00002B/693

9 782012 631090